교과서 속에 꼭꼭 숨어있는

이색 박물관 체험

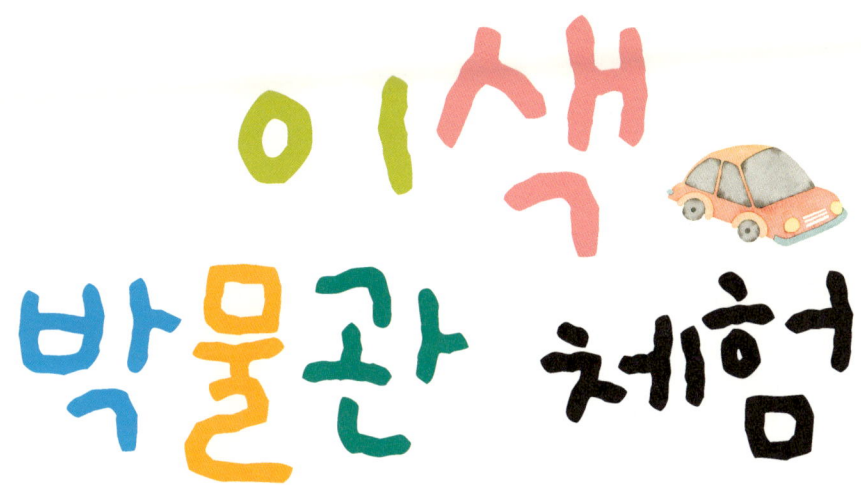

이신화 지음

가림출판사

아이들과 함께
신나는 박물관 여행을

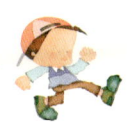

우리나라 곳곳에는 잘 알려지지 않은 알찬 박물관들이 많이 있습니다. 흔히 박물관 하면 매우 지루한 곳, 고리타분한 곳으로 알려져 있지만 실제로 박물관에서 여러 이야기를 나누고 자세히 살펴보고 체험해보면 참 재미있는 곳 중의 하나가 박물관이랍니다. 박물관이 재미없다고 생각하는 이유는 아무런 준비 없이 박물관에 들어가 쓱 훑어보고 나오기 때문이 아닐까요? 박물관에 전시되어 있는 여러 유물들을 미리 한번 조사해보고 직접 가서 살펴보고 왜 이렇게 만들었을까, 어떻게 만들었을까 부모님과 함께 이야기해 보세요. 또 그것과 관련된 만들기, 그리기, 요리하기, 연극하기 등 다양한 체험활동을 함께 할 수 있다면 박물관 여행이 얼마나 재미있을까요?

이 책은 부모님이나 선생님과 함께 박물관에 갈 때 자세히 보고 재미있게 활동할 만한 거리들을 모아 신나는 박물관 활동을 할 수 있도록 꾸몄습니다. 박물관에 가기 전에 이야기 나눌 만한 것들, 박물관에 가서 보면 좋은 것들, 체험활동 후 일기나 체험학습 보고서로 낼 만한 내용들을 정리해 보았습니다. 이 밖에 박물관 견학 후 할 수 있는 다양한 활동들, 연극놀이, 요리하기, 그림 그리기 등으로 더욱 폭넓은 경험을 할 수 있도록 꾸며 보았습니다. 책에 나온 활동 외에 아이의 성향에 맞게 부모님들이 창의적으로 함께 할 만한 활동들을 개발하신다면 더욱 좋겠죠?

박물관이 어렵고 재미없는 곳이라는 생각에서 벗어나 여행을 하면서 생각도 넓히는 기회로 여기고 다양한 활동을 할 수 있도록 도와주시면 아이들은 살아있는 많은 지식을 배우리라 생각합니다.

요즘에는 '도슨트'라 하여 박물관을 찾아온 관람객을 위하여 유물을 자세히 설명해 주는 선생님이 계셔서 어린이들이 더욱 재미있게 박물관 교육을 할 수 있습니다. 또한 주말이나 방학 때는 어린이들을 위한 박물관 교육도 많이 열리고 있으니 학부모님들이 조금만 관심을 가지면 아이들이 더욱 알찬 수업을 받을 수 있습니다.

아이들이 클수록 학업과 교우관계 등으로 부모님과 함께하는 시간이 줄어드는 것 같습니다. 중학교에만 들어가도 아이들이 시간에 쫓겨 가족여행 가기도 힘들더군요. 그래서 저는 많은 부모님들이 일찍부터 아이들과 함께 많은 시간을 가지도록 권합니다. 바쁜 일상 속에서 아이들과 못했던 이야기도 나누고 박물관을 방문하여 함께 배워보는 기회를 통해 알콩달콩 추억도 쌓아간다면 얼마나 좋을까 하는 생각을 많이 합니다. 이번 주에는 신나는 박물관 여행 어떠세요?

2007년 6월 이신화

가기 전에
사전학습이 중요합니다

'이번 주에는 떡부엌살림박물관에 한번 가볼까?' 하면 미리 여러 떡에 관련된 책이나 자료를 찾아보세요. 아이들이 떡에 대해 궁금했던 점들(예를 들어 떡은 언제부터 먹었을까? 어떻게 만들었을까? 어떤 떡들을 먹었을까? 등등)을 이야기 나누고 관련된 책을 찾아보고 인터넷 검색을 해보세요. 이렇게 미리 조사활동을 하고 가면 박물관에 있는 유물들이 특별해 보이고 하나하나 재미있고 신기할 것입니다.

박물관에 있는 자료들을
한꺼번에 모두 보겠다는 생각은 금물

박물관에는 수많은 자료와 유물들이 있습니다. 박물관에 온 김에 이 유물들 모두를 자세히 보겠다고 생각하면 아이도 힘들고 부모님도 힘들 수밖에 없습니다. 사전학습했던 유물부터 찾아서 자세히 보도록 하세요. 이번 방문에는 이것만이라도 자세히 보자라는 마음으로 천천히 여유 있게 관람하시길 바랍니다. 시간 여유가 있을 때 자주자주 나들이 삼아 박물관을 들르면 그때그때 새로운 것을 발견하고 배울 수 있답니다.

처음에는 어린이들이
맘껏 볼 수 있는 체험식 박물관부터

　요즘은 어린이들을 위하여 박물관 교육을 하는 곳이 많습니다. 어린이들을 위해 도슨트 선생님이 자세한 설명을 해주시는 곳도 있고, 방학이나 주말에는 각종 교육프로그램이 준비되어 있는 곳도 많습니다. 처음 박물관 여행을 할 때는 이런 박물관부터 찾아가 보세요. 만져보고 체험해 보는 박물관부터 맘껏 다니다 보면 어느덧 박물관 나들이가 익숙해질 테니까요.

어린이의 성향에 맞게
체험활동을 할 수 있도록

　우리 어린이들은 각각 좋아하는 분야가 너무 다릅니다. 어떤 어린이는 활발하게 움직이며 활동하는 것을 좋아하지만 다른 어린이는 조용히 관찰하고 듣고 기록하는 것을 즐겨합니다. 항상 꾸미고 그리는 것을 좋아하는 어린이들이 있는 반면 간략하게 정리하는 것을 즐기는 어린이들도 있죠. 어린이의 흥미와 성향을 잘 살펴서 박물관 활동을 하면 더욱 효과적인 박물관 교육이 될 수 있을 것입니다.

　가장 좋은 것은 그때그때 어린이의 흥미에 맞는 박물관을 찾아가는 것이겠지요. 자동차에 관심이 많다면 용인의 삼성교통박물관, 공룡에 관심이 많다면 목포 자연사박물관 등 아이의 흥미와 관련된 박물관을 방문하면 교육효과는 배가 되리라 생각합니다.

체험학습 보고서는 여러 형식으로

체험학습을 다녀온 아이들의 체험학습 보고서를 보면 너무 형식적으로 만들어 온 것이 많습니다. 박물관 유물에 대한 어려운 설명만 잔뜩 쓴 보고서, 감상이나 느낀 점은 하나도 없이 사진만 붙인 보고서 등… 꼭 이렇게 써야 한다는 생각을 버리고 어린이와 다양하게 활동했던 것을 중심으로 창의적인 보고서를 만들면 더욱 재미있을 것 같네요. 박물관에 가기 전 내가 알아본 것들, 궁금했던 것들, 박물관에 가서 자세히 살펴본 것들, 체험 후 부모님과 나누었던 이야기와 여러 활동들, 박물관 체험으로 알게 된 점, 느낀 점 등으로 보고서를 구성하면 활동정리도 되고 교육적 효과도 훌륭하겠죠?

교과서와 관련된
　　박물관 교육으로 산교육을

박물관에 가기 전 어린이들의 교과서를 훑어보세요. 요즘 어린이가 배우는 내용이 무엇인지 알면 박물관에 가서 좀 더 집중적으로 보아야 할 내용을 뽑아낼 수 있습니다. 특히 사회와 과학 등에는 박물관과 관련된 내용이 많이 있기 때문에 잘 살펴보시고 박물관에 가서 어린이들과 교과서 내용으로 자연스럽게 이야기를 나누어 보세요. 실제로 교육현장에서는 수업내용에 대한 사전 지식이나 경험이 있는 어린이들이 그렇지 못한 어린이들보다 더욱 적극적으로 수업에 참여하는 것을 볼 수 있습니다.

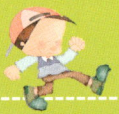
 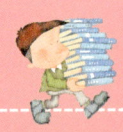

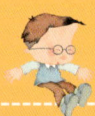
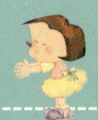

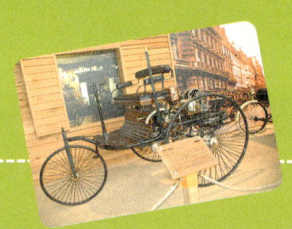

----- 세계 각국의 멋진 자동차가 모여있는 **삼성교통박물관**

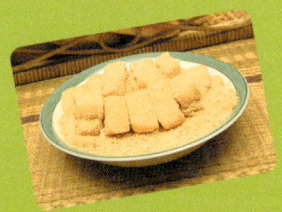

----- 만지고 두드리며 신나게 놀면서 배우는 **삼성어린이박물관**

----- 예쁘고 맛난 떡들이 한 상 가득 **떡부엌살림박물관**

1,2 학년을 위한

박물관

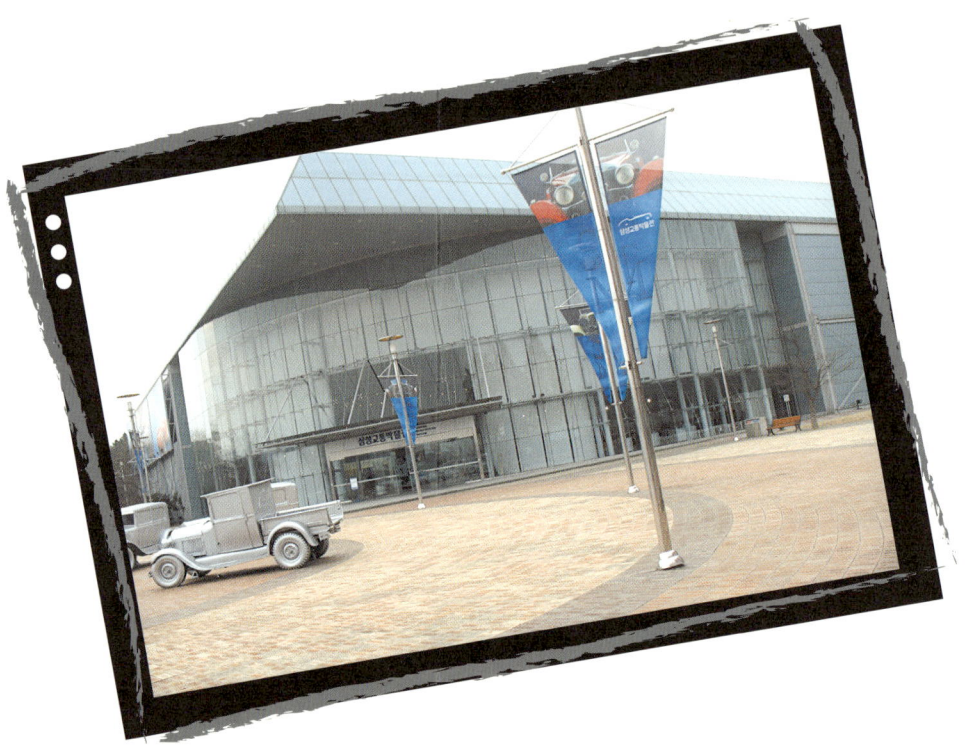

세계 각국의 멋진 자동차가 모여있는

삼성교통박물관

재미가 솔솔 성적이 쑥쑥

- 1학년 1학기 즐거운 생활 2.안전하게 지내요 : 교통안전 표지판의 종류와 내용을 잘 알고 있다. 교통안전 표지판의 용도와 목적에 맞게 꾸민다.
- 3학년 2학기 도덕 : 교통규칙을 지켜야 하는 까닭을 알아봅시다.
- 3학년 2학기 사회 : 교통수단의 발달을 알아봅시다.

박물관 요모조모

1층 전시장

　1층 전시장에서는 1886년 최초로 가솔린차로 특허를 받은 벤츠특허 차를 비롯한 세계 각국의 자동차 60여 개를 만날 수 있습니다. 뷰티 존은 자동차를 문예사조를 반영한 아름다운 예술품으로 해석한 공간으로 '아름다운 자동차'에 대해 감상할 수 있습니다. 포커스 존 옆 히스토리 월에는 레오나르도 다빈치의 태엽 자동차에서부터 오늘날의 자동차까지 자동차의 역사를 볼 수 있습니다. 주전시장에는 다양한 기능뿐만 아니라 멋진 외관을 갖춘 품위 있는 자동차들이 전시되어 있습니다. 이 밖에 대중적으로 쓰였던 자동차, 자동차 경주에 쓰였던 스포츠카, 1955년 최초의 시발자동차를 비롯한 우리나라에서 사용되었던 자동차와 여러 가지 모터사이클까지 갖가지 자동차들을 감상할 수 있습니다.

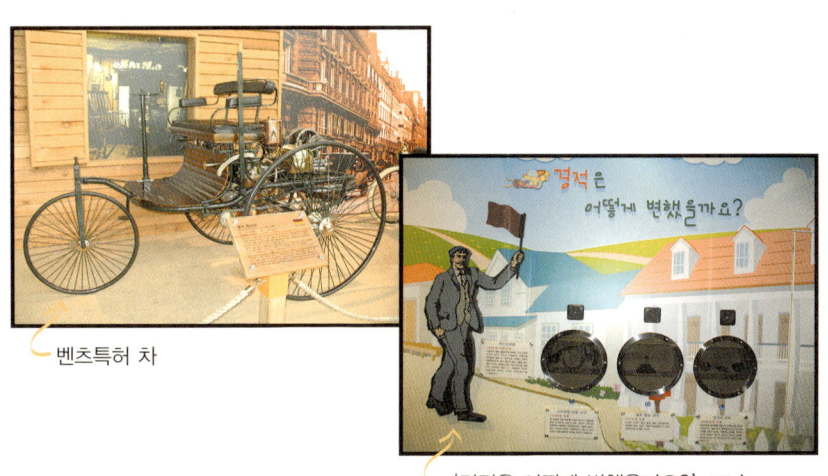

벤츠특허 차

'경적은 어떻게 변했을까요?' 코너

17

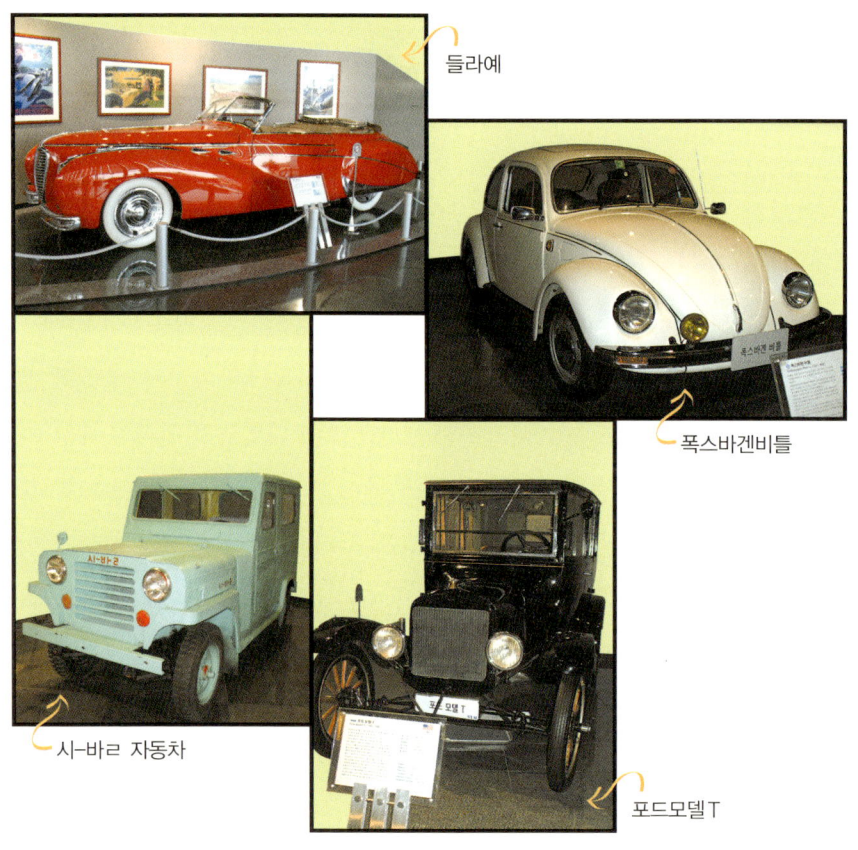

들라예

폭스바겐비틀

시-바르 자동차

포드모델T

2층 전시장

2층 전시장은 '자동차 경주의 세계' 라는 제목으로 꾸며졌습니다. 외국에는 자동차 경주가 많이 있는데 이를 통해 새로운 기술을 시험할 수 있었다고 합니다. 이 전시장에서는 그러한 외국의 유명한 자동차 경주들에 대해 자세히 알 수 있고 자동차 경주에 참가했던 여러 모델의 자동차를 볼 수 있습니다. 또 자동차 경주복을 입고 시상대에 올라가 볼 수도 있으며 어린이 경주차를 타고 사진을 찍을 수도 있습니다.

자동차나라

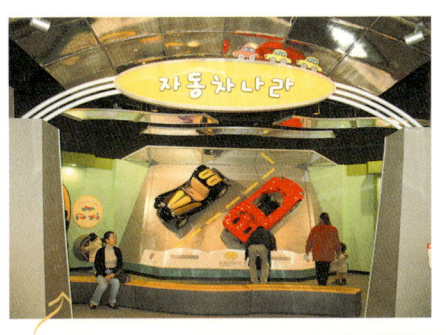

자동차나라 입구 전경

이곳 자동차나라는 어린이들을 위해 만들어진 공간입니다. 우리나라 자동차뿐만 아니라 세계 각국의 자동차를 18분의 1로 축소한 모형을 만져볼 수 있고, 여러 모양의 자동차로 놀이를 할 수 있는 곳이기도 합니다. 자동차 모양에 따라 세단, 리무진, 컨버터블, 쿠페, 스테이션왜건으로 나누어 보기, 자동차 모양의 스크레칭, 자동차 퍼즐 맞추기 등 재미있는 활동을 할 수 있습니다.

야외전시장

우리나라의 유명한 비디오 예술가 백남준 선생님을 알고 있나요? 교통박물관의 건물 앞뜰에는 백남준 선생님의 작품인 〈20세기를 위한 32대의 자동차〉가 전시되어 있습니다. 이 작품은 비슷하게 생긴 은회색 자동차들을 8대씩 4그룹으로 배치해 놓은 작품으로 20세기의 대표 문화가 자동차라는 것을 보여줍니다.

또 이곳에는 1932년에 일본에서 만들어져 1952년까지 사용되었던 협궤열차도 전시되어 있습니다. '꼬마열차' 라고 불리는 이 열차는 인천의 염전에서 내륙으로 소금을 나르는 역할을 했다고 합니다.

협궤열차

19

이야기 보따리

자동차가 없었던 옛날에는 어떤 교통수단을 이용했을까?

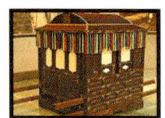 요즘에는 자동차로 먼 곳도 빠른 시간에 갈 수 있지만 예전에는 많은 사람들이 걸어 다니거나 말이나 가마 등을 이용하여 이동하였습니다. 조그만 집 모양으로 생긴 가마는 안에는 사람이 앉고 두 사람 또는 네 사람이 앞뒤에서 가마채를 들고 운반하는 도구입니다. 가마와 같은 교통수단은 지체 높은 사대부들이나 양반들이 이용하였습니다.

이보다 빨리 이동해야 할 때는 말을 사용했습니다. 고려시대부터 관리들이 출장을 갈 때 말을 빌려주고 사용하게 하였다고 합니다. 실제로 마패는 말을 빌릴 수 있는 허가증인데 말이 그려진 수만큼 빌릴 수 있었다고 합니다.

실제로 부잣집 양반들은 말이나 가마를 이용했고 보통 서민들은 걸어 다녔습니다. 그래서 먼 곳에 가려면 짚신을 많이 만들어 짊어지고 다녔습니다. 짚신이 닳으면 버리고 새 짚신으로 바꿔 신어가면서 먼 여행길에 올랐던 것이죠.

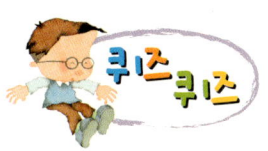 **자동차가 없었던 시절에 이런 일이 일어난다면**

만약에 자동차가 없었던 시절에 다음과 같은 일이 일어났다면 어떻게 해결해야 할까요?

01 어머니가 갑자기 아프셔서 병원진료를 받아야 합니다.

02 산간 지역에 사는 영준이는 신선한 해물을 먹고 싶습니다.

03 서울에 사는 정수는 가족과 함께 경주로 여행을 가고 싶습니다.

21

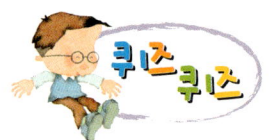

자동차가 많아서 이런 점이 문제예요.

자동차로 멀리 있는 곳도 손쉽게 갈 수 있고 여러모로 편리해졌지만 많은 문제점도 생겼습니다. 자동차를 많이 타면서 생기는 문제들을 써봅시다.

자동차는 어떻게 움직일까요?

자동차가 가기 위해서는 연료를 태운 힘이 필요합니다. 먼저 엔진 속에서 공기와 연료가 섞인 곳에 불꽃을 튀겨 불이 붙습니다. 불이 붙으면 연료에서 뜨거운 힘이 나오는데 이 힘으로 피스톤이 위아래로 움직이게 됩니다. 피스톤이 움직이면 같이 연결된 둥근 막대 모양의 크랭크축이 돌아갑니다. 크랭크축이 돌아가면 그것을 따라 뒤쪽으로 연결된 둥근 막대도 함께 돌아가며 구동축과 추진축의 양쪽 끝에 달린 바퀴가 움직이게 됩니다.

자동차의 연료는 무엇일까요?

자동차의 연료는 깊은 땅속이나 바닷가 속에 묻혀있는 원유입니다. 원유는 옛날 물고기 떼나 동물들이 죽은 후 흙에 파묻혀 이루어진 것입니다. 바다 속이나 흙 속에 큰 구멍을 뚫고 펌프로 끌어올리면 원유를 얻을 수 있다고 합니다.

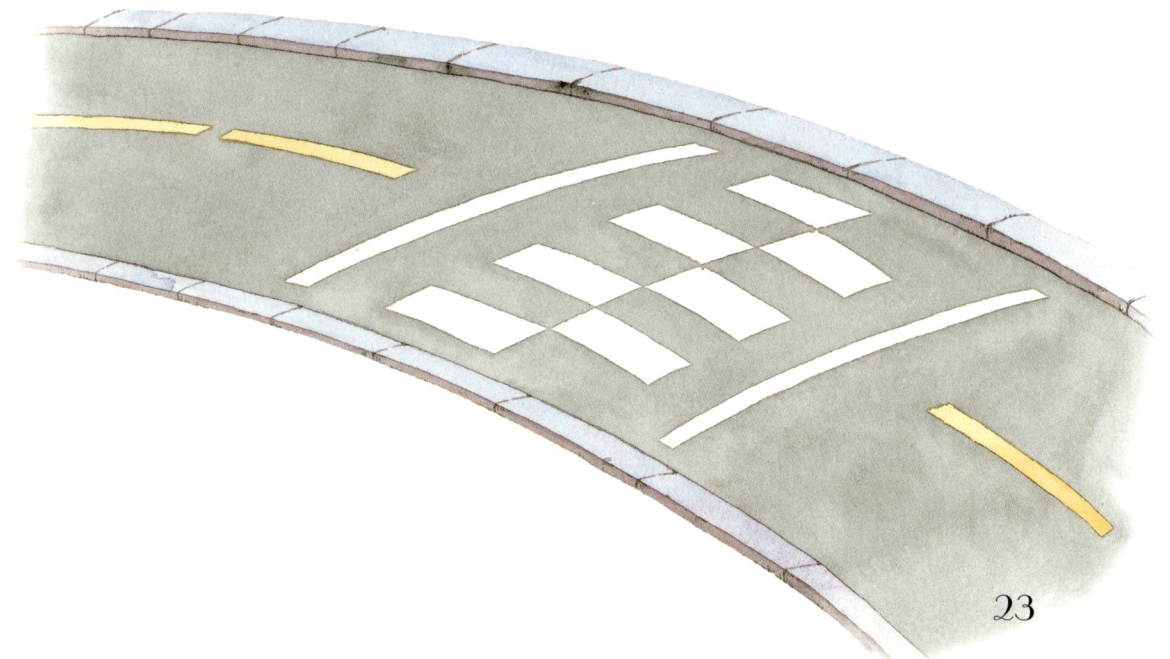

룰루랄라 신나는 체험학습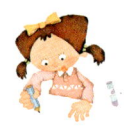

 내 맘에 드는 자동차 뽑아보고 재미있는 글쓰기

삼성교통박물관에서 내 맘에 드는 자동차를 한 가지 정해봅시다. 그리고 그 이유
를 간단히 적어봅시다.

 인터넷으로 찾아봅시다 〈신기한 자동차〉

세상에는 별의별 모양의 자동차들이 있습니다. 하이힐, 전화기, 상어 같은 물고기
모양 자동차 등 재미있는 모습을 한 자동차가 많이 있습니다. 특이한 자동차를 인
터넷이나 책에서 찾아봅시다.

상상해서 그려봅시다.

신기한 자동차를 다 감상했나요? 내가 타고 싶은 자동차를 한번 그려봅시다. 간단한 설명도 써보세요.

 ### 자전거, 안전하게 타요!

삼성교통박물관에 가서 자전거 면허증을 따볼까요? 자전거 면허증을 따려면 삼성교통박물관의 홈페이지에서 자전거 안전수칙을 배운 후 인터넷으로 필기시험에 응모하세요. 필기시험에 합격한 친구들은 직접 박물관에 가서 실기시험을 보면 됩니다.

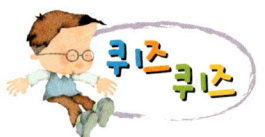 다음 문제들을 읽고 안전하게 자전거를 타는 방법이 맞으면 O, 틀리면 X를 하세요.

01 몸에 맞는 자전거는 자전거를 타고 발을 뻗었을 때 발 앞꿈치가 바닥에 닿는 것입니다. (　　)

02 핸들 조작은 한 손으로 해도 됩니다. (　　)

03 자전거를 탈 때는 어두운 색 옷을 입는 것이 안전합니다. (　　)

04 자전거를 탈 때는 체인에 낄 염려가 있는 너무 긴 치마나 바지를 입지 않습니다. (　　)

05 자전거를 탈 때 샌들이나 슬리퍼를 신고 타는 것이 좋습니다. (　　)

06 자전거를 탈 때 체인에 걸릴 위험이 있는 긴 목도리는 하지 않습니다. (　　)

07 여름에는 헬멧을 착용하지 않아도 됩니다. (　　)

08 자전거를 탈 때 무릎보호대를 하는 것이 좋습니다. (　　)

정답 : O , X , X , O , X , O , X , O

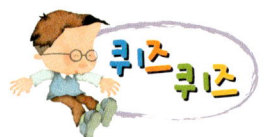 다음 교통안전 표시의 뜻을 알아봅시다.

(　　　　)　　　　(　　　　)

(　　　　)　　　　(　　　　)

정답 : 어린이 보호, 철길건널목, 진입금지, 자전거 전용도로

뛰뛰빵빵 박물관을 찾아서

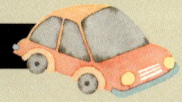

교통안내	서울, 분당 : 1113, 1500, 1500-2, 5002번 수원 : 10-5, 66, 66-1, 66-3, 67, 6000번 에버랜드 하차 → 정문 매표소에서 셔틀버스 운행(오전 10시~오후 4시까지 매시 정각 출발) * 정오는 제외
관람시간	화요일~일요일 : 오전 10시~오후 6시(입장은 오후 5시까지) * 휴관일 : 매주 월요일, 1월 1일, 설날, 추석 연휴
관 람 료	대인 : 4,000원 소인 : 3,000원
관람안내	주소 : 경기도 용인시 처인구 포곡읍 유운리 292 전화 : (031) 320-9900

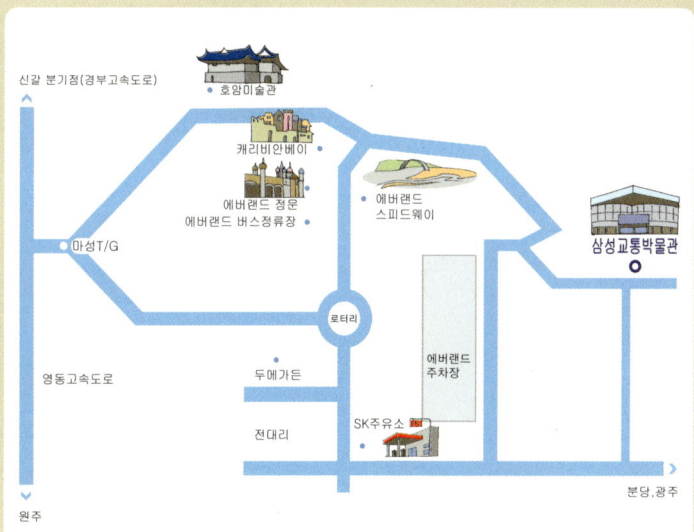

읽어두면 좋아요!

● 도구와 기계의 원리
(데이비드 맥컬레이 지음, 서울문화사)
● 자동차가 달려요
(정하섭 지음, 두산동아)
● 놀라운 자동차
(폴 벡 지음, 대교출판)

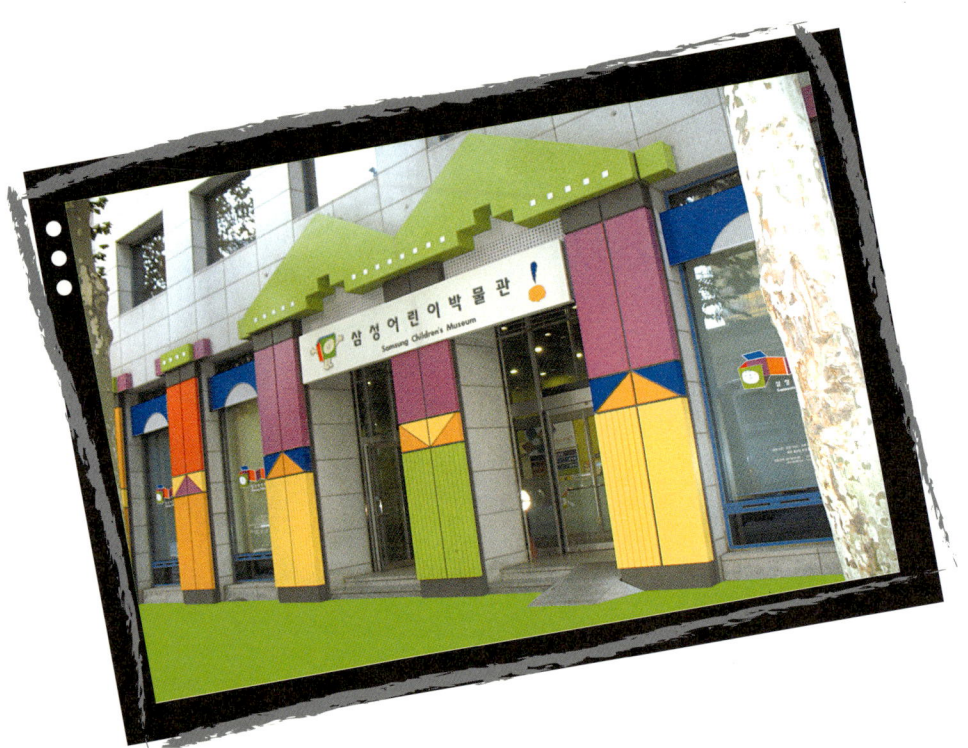

삼성어린이 박물관

재미가 솔솔 성적이 쑥쑥

- 3학년 2학기 과학 : 박쥐의 소리 전하는 방법 알기
- 3학년 2학기 사회 : 통신 생활의 변화가 생활에 미치는 영향 알기
- 5학년 2학기 과학 : 빛이 생물에 미치는 영향

박물관 요모조모

옛 미술 갤러리

청동단검, 가형토기, 금동여래입상, 평생도, 청자상감운학문매병, 청동범종 등 우리나라의 옛 미술품을 살펴보면서 조상들의 생활과 멋을 느낄 수 있는 전시장입니다. 청동단검의 칼자루와 칼몸 맞추기, 나라별 집 모양 찾아보기, 컴퓨터로 청자무늬 그려보기 등 다양한 체험활동이 준비되어 있어 재미있게 옛 미술에 대해 배울 수 있습니다.

헬로우 뮤직

국자, 도마, 냄비 등 주방의 여러 도구로 소리를 내보는 '연주하는 요리사', 컴퓨터 프로그램을 이용하여 나만의 음악을 작곡할 수 있는 '터치 작곡가', 동서양 악기들로 퓨전음악을 연주해 볼 수 있는 '퓨전밴드부', 커다란 휴대폰으로 다른 나라의 음악을 들어보는 '울려라 핸드폰' 등이 전시되어 있습니다. 헬로우 뮤직에서 신나게 연주해 보고 여러 음악을 들어보세요.

박쥐의 세계

초음파로 신호를 보내 사람보다 20배나 잘 들을 수 있는 박쥐에 대해 샅샅이 알아볼 수 있는 곳입니다. 이곳에는 박쥐의 먹이, 박쥐가 사는 곳, 박쥐의 초능력, 박쥐의 골격 구조, 박쥐를 이용한 다양한 우리나라의 전통 문양까지 박쥐에 대한 모든 자료가 가득합니다. 직접 박쥐처럼 날아볼 수 있고 홈페이지에서 다운받은 박쥐가면 틀로 가면을 만들어서 쓰고 놀 수도 있습니다.

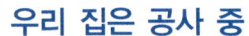

우리 집은 공사 중

복층 집 구조물은 어린이들이 직접 집 만드는 과정을 경험할 수 있도록 두 개의 층으로 이루어진 커다란 집입니다. 안전벽돌 블록과 창문을 손수레나 미끄럼 파이프 등을 통해 운반하여 골조 사이에 쌓거나 끼워서 집을 완성할 수 있습니다. 이 밖에 벽돌로 담장 쌓기, 도르래를 이용하여 무거운 물건 들어올리기, 손가락만 대면 색이 칠해지는 대형 터치스크린에 그림 그려보기, 타워크레인으로 물건 들어올리기 등 다양한 활동을 할 수 있는 곳입니다. 물체와 힘에 대한 기본적인 개념도 놀이를 통해 쉽게 배울 수 있는 전시장입니다.

체험활동 모습

미디어 이야기

고대의 상형문자에서부터 미래의 첨단미디어까지 체험해 볼 수 있는 전시장입니다. '비둘기야 날아라'에서는 비둘기를 훈련시켜 쪽지를 전했던 예전의 통신방법을 모형을 통해 배우고, '상형문자 풀기'에서는 고대 이집트 파라오에게 상형문자로 축하 메시지를 보낼 수도 있습니다. 또한 '고마워', '생일 축하해' 같은 간단한 문장이 모스부호로 어떻게 바뀌는지 알 수 있도록 재미있게 전시되어 있습니다. 이 밖에 전화, 이메일, e카드 등이 전시되어 여러 미디어의 발전을 쉽게 알 수 있는 곳입니다.

이 밖에 또래또래, 어린이 방송관, 나는 나는 자라요, 워터엑스포 등 14가지 이상의 주제로 다양한 체험활동과 놀이를 즐길 수 있습니다.

룰루랄라 신나는 체험학습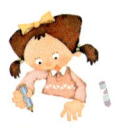

 청동단검에 대해서 자세히 관찰해 봅시다.

	관 찰 내 용
청동단검은 언제 만들어졌을까요?	
청동단검을 왜 만들었을까요?	
청동단검은 누가 사용했을까요?	
청동단검을 간단히 그려봅시다.	
칼몸과 칼자루를 맞춰봅시다.	

31

이야기 보따리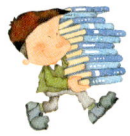

가형토기

옛날 사람들은 사람이 죽어도 영혼은 살아있다고 믿어서 여러 가지 물건들을 무덤에 넣어두었습니다. 이곳에 전시된 집 모양의 흙그릇은 무덤에 넣는 물건이었습니다. 벽면에 있는 설명을 잘 읽어보면 집 모양 토기를 나라별로 찾아볼 수 있습니다. 어떤 나라의 집 모양 그릇인지 추측해서 해당하는 나라에 놓으면 불이 들어옵니다.

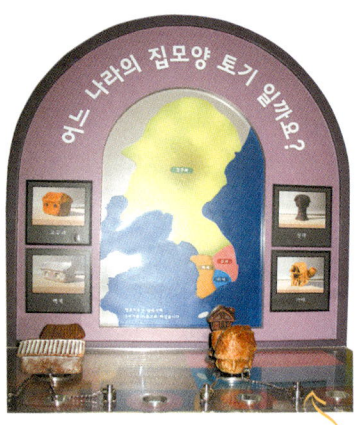

어느 나라의 집 모양 토기일까요?

청자상감운학문매병

이 도자기는 고려시대의 상감기법으로 만들어진 도자기입니다.

상감청자란 바탕흙으로 그릇 모양을 만들고 그 표면에 문양이나 글자 등을 파낸 뒤 그 팬 홈을 다른 색의 흙으로 메운 청자를 말합니다. 이렇게 해서 구워내면 회색을 바탕으로 한 흑백의 문양이 아주 돋보이게 됩니다. 박물관에 있는 컴퓨터를 이용해 청자상감운학문매병의 무늬를 여러 가지로 조합해 볼 수 있습니다.

청자상감운학문매병

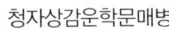

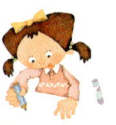
 찰흙으로 집 모양의 흙그릇을 만들어 봅시다.

내가 만들고 싶은 집 모양 토기를 잘 살펴보고 스케치해 봅시다.

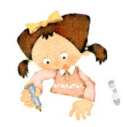

룰루랄라 신나는 체험학습

01 청자상감운학문매병에 새겨진 무늬에는 무엇이 있을까요?

02 상감기법으로 무늬꾸미기를 해봅시다.

❶ 적당한 크기의 찰흙판을 만들어 두서너 시간 정도 말립니다.
❷ 찰흙판에 들어갈 무늬를 스케치합니다.
❸ 스케치한 무늬를 보면서 찰흙판 위에 뾰족한 도구로 새깁니다.
❹ 다른 색의 점토나 고무찰흙을 밀어넣습니다.
❺ 겉을 잘 고르고 마무리합니다.

03 상감기법으로 꾸밀 무늬를 스케치해 봅시다.

평생도

평생도란 높은 벼슬을 지낸 사람의 일생을 출생부터 회혼례까지 그림으로 그려 놓은 것을 말합니다. 보통 아이의 돌잔치, 혼인, 장원급제, 승진, 회혼례 등을 담아 총 8장으로 그려졌다고 합니다. 평생도를 자세히 살펴보면 그 당시의 생활 모습을 알아볼 수 있습니다.

평생도팔곡병

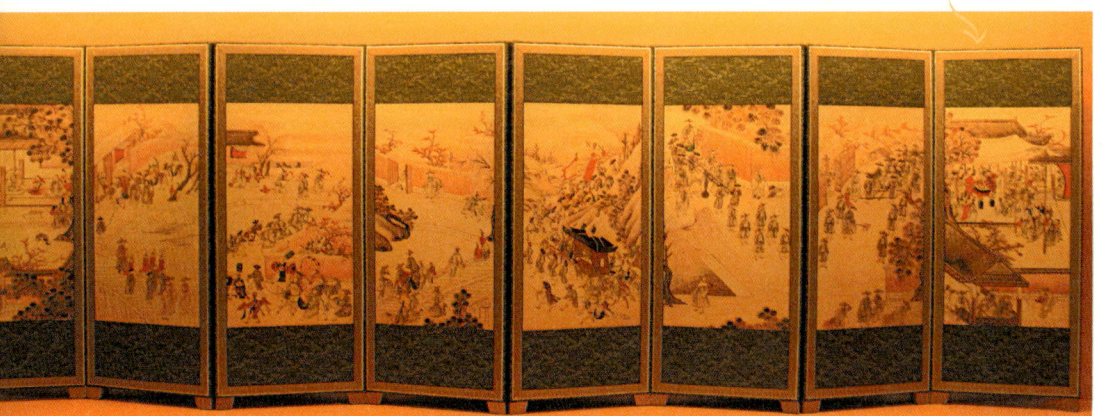

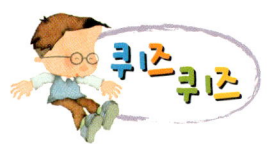

평생도를 살펴보며 다음 문제를 풀어보세요.

〈돌잔치 장면에서〉

01 어린아이의 돌상에는 어떤 물건들이 놓여있나요?

02 그런 물건들을 돌상에 올린 이유를 알아봅시다.

03 오늘날의 돌상과 옛날 돌상의 차이점은 무엇인지 생각해 봅시다.

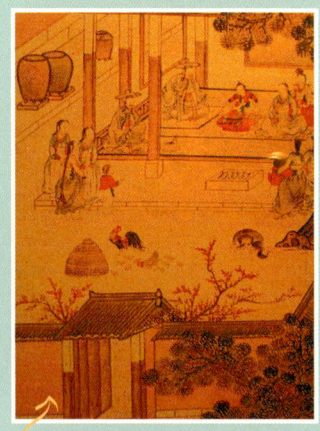

평생도 돌잔치

04 돌상에 올라가는 음식은 무엇일까요?

〈혼인 장면에서〉

0 1 신랑은 어떤 옷과 모자를 입고 있나요?

0 2 신부는 어떤 색의 옷을 입고 있나요?

0 3 옛날에 쓰였던 여러 생활도구를 찾아
그 이름을 알아봅시다.

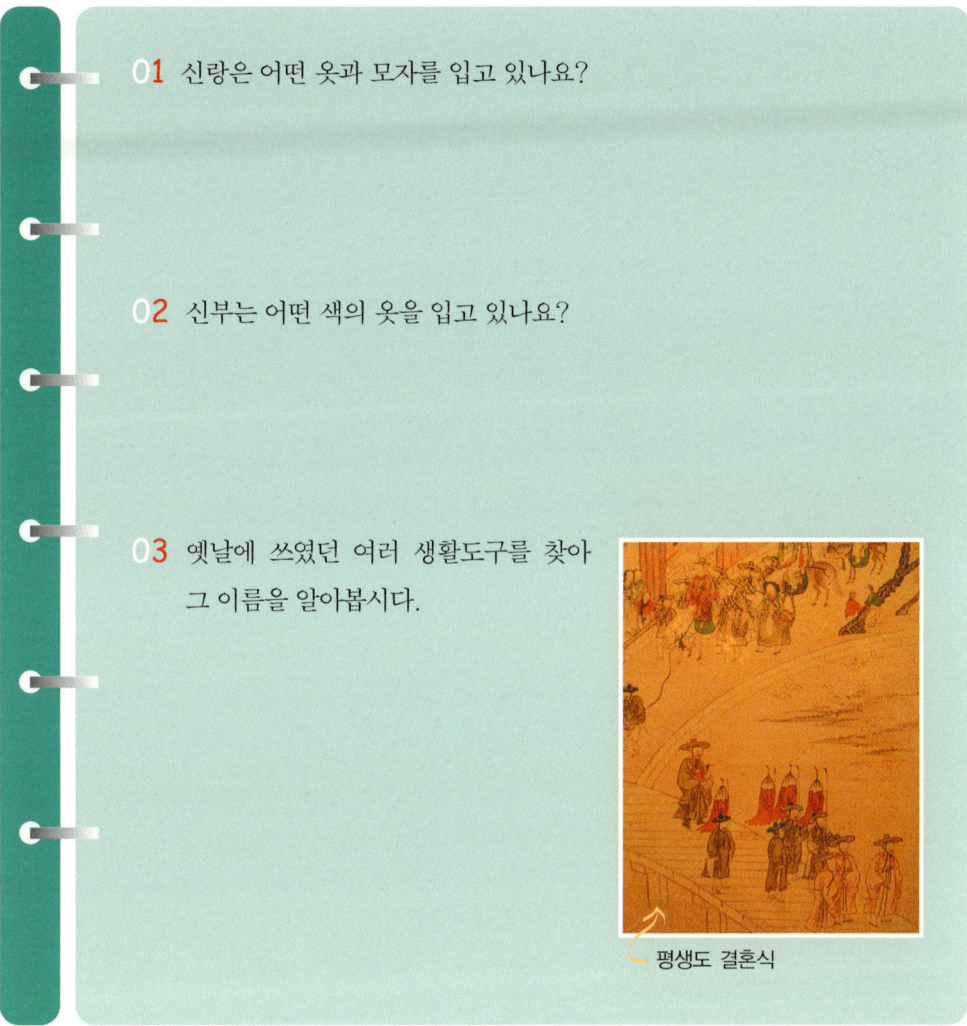

평생도 결혼식

37

룰루랄라 신나는 체험학습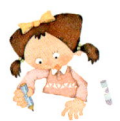

 인터뷰하고 평생도를 그려봅시다.

할아버지와 할머니의 이야기를 듣고 평생도를 그려봅시다.

01 할아버지나 할머니 등 주변 어른들에게 중요한 일들을 인터뷰합니다.

-
-
-

02 내용을 4가지 정도 정리합니다. 예) 출생이나 돌잔치, 결혼, 취직 등

-
-
-
-

03 두꺼운 도화지를 4등분이 되게 잘 접습니다.

04 각 면에 간단한 설명과 그림을 그립니다. 그분들의 생활 모습이 잘
드러나게 자세히 그려봅니다.

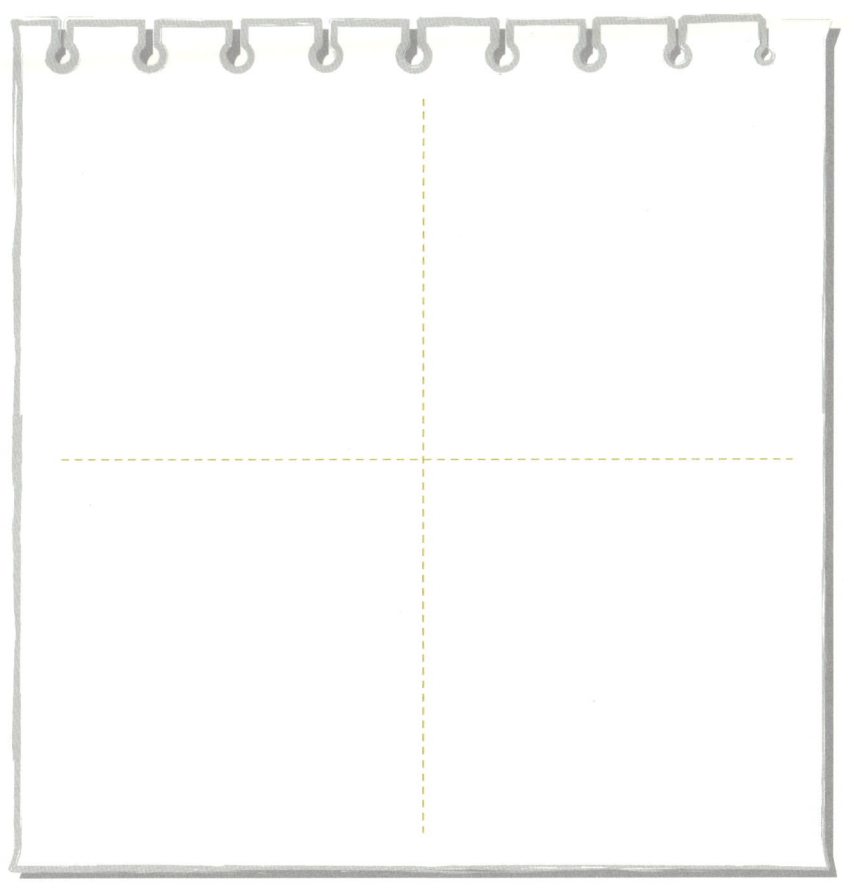

박쥐의 세계

|박쥐의 초음파 능력| 박쥐는 사람보다 무려 20배나
잘 들을 수 있는 동물이라고 합니다. 바로 초음파라는 능
력이 있기 때문이에요. 박쥐는 코나 입을 통해 초음파를
내보내고 주위 물체를 통해 되돌아오는 반사파로 그 물체
의 위치나, 크기, 모양, 질감 등을 알 수 있다고 합니다.

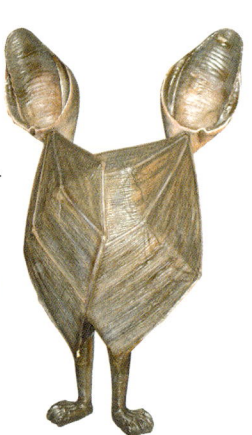

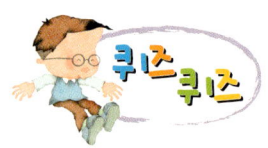 **박쥐의 세계를 관람하면서 다음 궁금증을 풀어봅시다.**

01 박쥐의 먹이는 무엇일까요?

02 모든 박쥐는 초음파를 사용할까요?

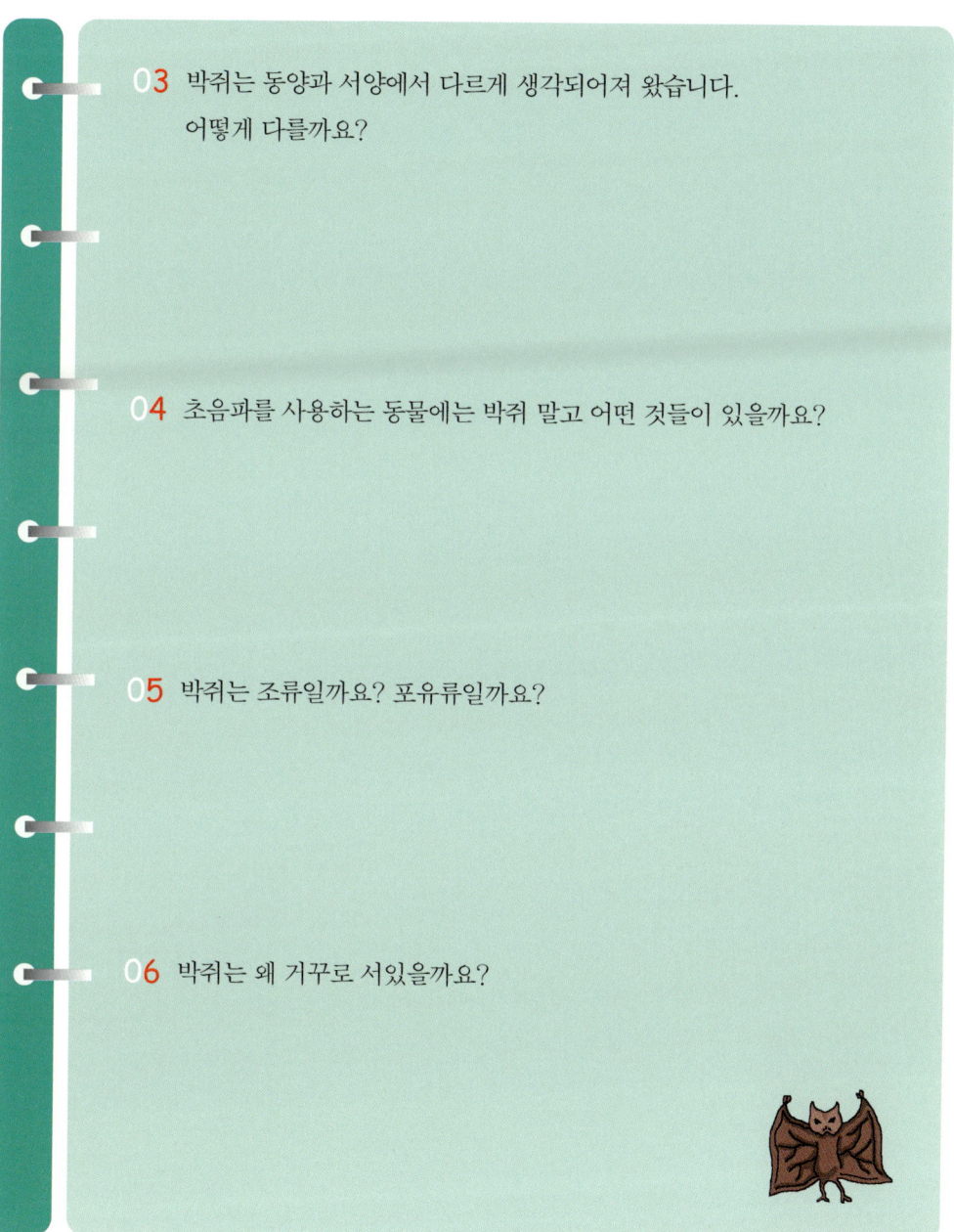

03 박쥐는 동양과 서양에서 다르게 생각되어져 왔습니다.
   어떻게 다를까요?

04 초음파를 사용하는 동물에는 박쥐 말고 어떤 것들이 있을까요?

05 박쥐는 조류일까요? 포유류일까요?

06 박쥐는 왜 거꾸로 서있을까요?

룰루랄라 신나는 체험학습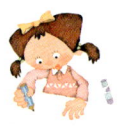

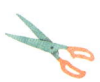 ## 박쥐가면 만들기

삼성어린이박물관의 사이버전시관에 들어가서 박쥐가면을 다운받아 만들어 봅시다.

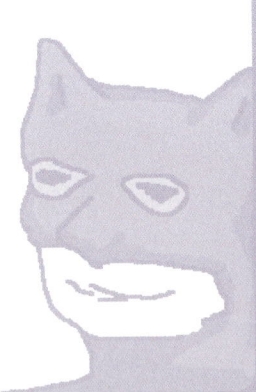

나는 나는 자라요 - 동생이 태어난대요

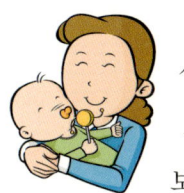 아기는 어떻게 생기는 것일까요? 귀여운 아기들을 보면 이런 생각을 할 때가 있지요? 삼성어린이박물관의 '동생이 태어난대요' 코너에서는 동생을 가진 엄마와 함께 산부인과에 갔을 때 보고 들을 수 있는 것들을 전시해 놓은 곳입니다. 엄마 배 위에 초음파 스캐너를 가져다 대면 아기의 초음파 사진을 볼 수 있고 아기의 심장박동 소리도 들어볼 수 있답니다.

뱃속에서 태아는 어떻게 자랄까?

| 5주 | 뱃속의 아이가 5주가 되면 다섯 개의 손가락이 보이고 눈의 색소가 만들어져서 눈이 거무스름하게 됩니다.

| 6주 | 6주가 되면 심장이 뛰고 피가 돌고 뇌가 급격하게 발달하며 뼈대가 생깁니다.

| 3개월 | 3개월이 되면 엄마는 아기가 있다는 것을 확실히 알게 됩니다. 아이의 머리, 몸통, 팔, 다리 등이 확실히 구분이 되며 손과 발이 발달합니다.

| 5개월 | 5개월이 되면 태아는 손가락을 빨 수 있게 됩니다. 이때부터 아이들에게 젖을 빠는 힘이 길러집니다.

| 6개월 | 6개월부터 태아는 소리를 들을 수 있다고 합니다. 이때 태아는 즐거운 음악을 듣고 몸을 움직이기도 하며 시끄러운 음악을 듣고 짜증을 내기도 한답니다. 아기가 가장 좋아하는 소리는 무엇일까요? 엄마의 부드러운 목소리를 가장 좋아한다고 하네요.

43

룰루랄라 신나는 체험학습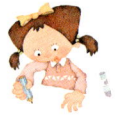

 내가 엄마 뱃속에 있을 때...

엄마와 아빠에게 내가 뱃속에 있을 때 어떤 일이 있었는지 이야기를 들어봅시다.
또 나의 초음파 사진이 있다면 찾아서 살펴봅시다. 뱃속에 있을 때 어떤 일들이
있었는지 부모님과 함께 이야기를 나누어 보세요.

01 내가 엄마 뱃속에 있다는 것을 언제 알았나요?

02 내가 엄마 뱃속에 있을 때 엄마 몸은 어떻게 변했나요?

03 내가 엄마 뱃속에 있었을 때 있었던 에피소드를 들려주세요.

04 내가 태어났을 때 몸무게는 얼마였나요?

05 내가 태어났을 때 키는 얼마였나요?

룰루랄라 신나는 체험학습

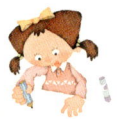

 ## 나는 나는 자라요 - 누가 누가 오래 살까

'누가누가 오래 살까' 코너에 가면 여러 가지 동식물의 평균수명을 알 수 있습니다. 사람, 쥐, 코끼리 등 여러 동물의 평균수명 그래프를 한눈에 볼 수 있도록 전시해 놓았습니다. '누가누가 오래 살까' 코너를 살펴보면서 다음을 생각해 보세요.

01 사람보다 오래 사는 동물은 무엇일까요?

02 어떤 동물이 가장 오래 살까요?

03 어떤 동물이 가장 짧게 살까요?

 ## 우리 주변에 있는 동물들은 얼마나 오래 살까?

우리 주변에 쉽게 볼 수 있는 동물들은 얼마나 살까요? 책이나 인터넷을 통해서 각 동물의 평균수명을 조사해 봅시다.

소 :   말 :   개 :   고양이 :

토끼 :   돼지 :   뱀 :   다람쥐 :

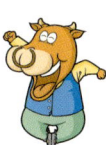
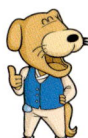
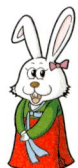
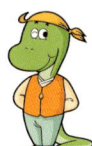

45

룰루랄라 신나는 체험학습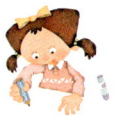

재미있는 이벤트

삼성어린이박물관에서는 달마다 많은 이벤트를 엽니다. 저렴한 참가비로 유아에서 초등어린이들을 위한 다양한 프로그램에 참여할 수 있습니다. 가기 전에 사이트를 방문하여 그달의 이벤트를 보시고 참여할 수 있는 날짜에 맞춰 가서 재미있는 프로그램을 즐겨보세요.
프로그램 예 : 건강밥, 샌드위치 만들기, 황토비누 만들기, 우리는 신문 가족, 청동범종 만들기, 평생도 유람 등

금요아트스쿨

유명한 화가들의 작품을 감상하고 미적 감수성을 높일 수 있는 교육 프로그램입니다. 주 1회, 총 8회로 진행되며 초등학교 1~3학년 아동을 대상으로 진행됩니다. 인터넷이나 전화로 예약한 후 참여할 수 있습니다.

사이언스 스쿨

과학에 관심이 많은 어린이라면 사이언스 스쿨과 같은 프로그램을 추천합니다. 초등학교 1, 2학년을 대상으로 하는 이 프로그램은 총 8주로 진행되며 재미난 실험으로 과학에 대한 관심을 높여줍니다.

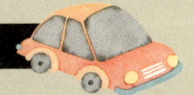

뛰뛰빵빵 박물관을 찾아서

| **교통안내** | 지하철 잠실역에서 하차하시면 도보로 3~5분 이내 거리입니다.
지하철 2호선 8번 출구에서 교통회관 방향으로 60m 첫 번째 왼쪽
골목. 지하철 8호선 9번 출구에서 잠실역 사거리 방향으로 100m. |

| **관람시간** | 개관시간 : 오전 10시~오후 6시(입장은 오후 4시까지)
* 휴관일 : 매주 월요일, 1월 1일, 설날, 추석 연휴
(일일 관람 인원을 제한하기 때문에 주말, 공휴일, 방학 기간은 홈페
이지에서 예약하고 이용하는 것이 좋습니다) |

| **관 람 료** | 일반(중학생 이상) : 5,000원
36개월 이상 어린이 : 6,000원
12개월 ~ 36개월 미만 어린이 : 3,000원
12개월 미만 어린이 : 무료 |

| **관람안내** | 주소 : 서울특별시 송파구 신천동 7-26
전화 : (02) 2143-3600
인터넷주소 : http://www.samsungkids.org/ |

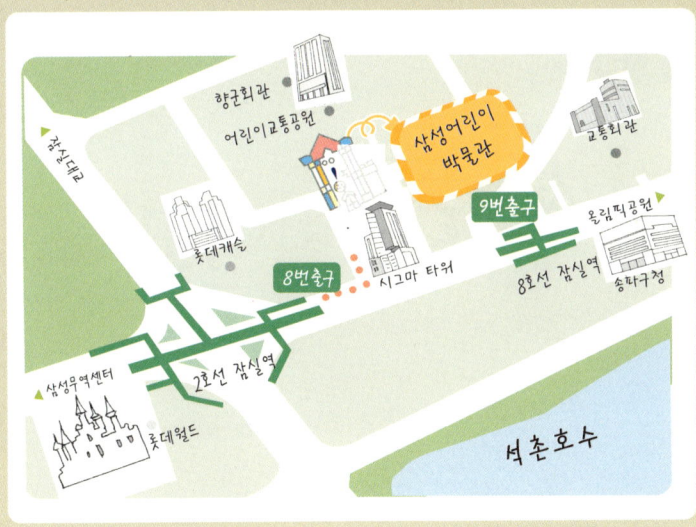

읽어두면 좋아요!
- 박쥐소굴 대탐험
(에바 무어 지음, 비룡소)
- 프리즐 선생님은 흡
혈귀? (조애너 콜 지음,
비룡소)

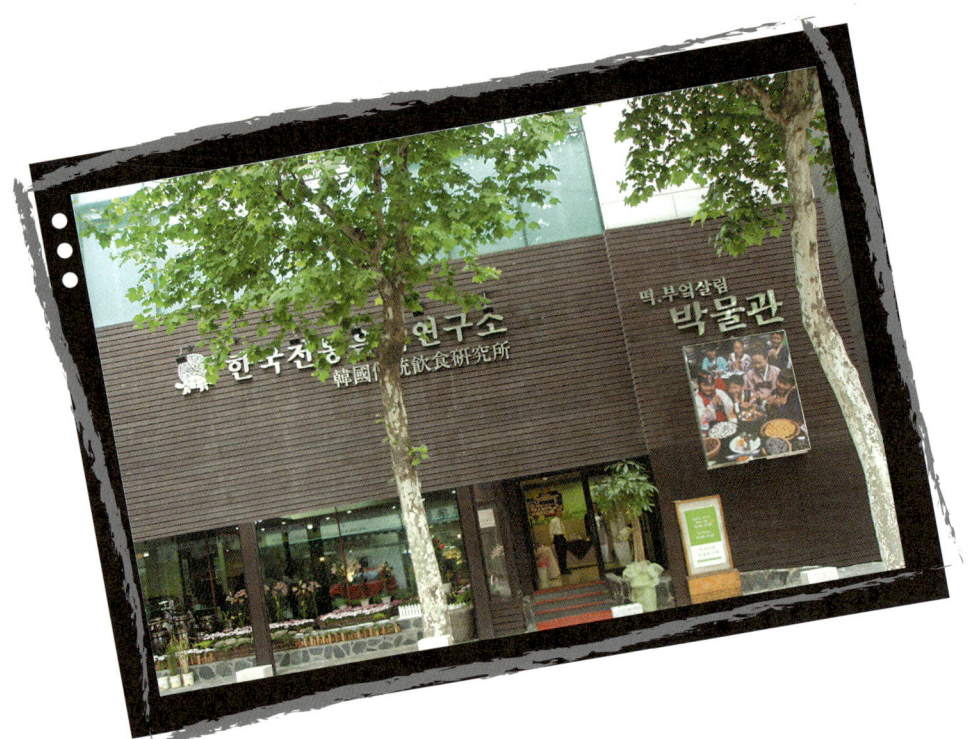

떡부엌살림박물관

재미가 솔솔 성적이 쑥쑥

- 1학년 2학기 바른생활 : 명절에 먹는 음식
- 5학년 1학기 사회 : 계절에 따라 우리 조상들이 먹는 음식 알기

박물관 요모조모

제1관 : 부엌살림박물관

부엌살림박물관에서는 시시때때로 먹는 시절음식이 잘 전시되어 있습니다. 우리 조상들은 설날이나 추석에 어떤 음식을 먹었을까요? 설날에 떡국을 먹는 이유는 무엇일까요? 삼짇날과 동지에는 어떤 특별한 음식을 먹었을까요? 설날, 정월 대보름부터 동지까지 12가지의 시절음식에 대해 잘 알 수 있습니다.

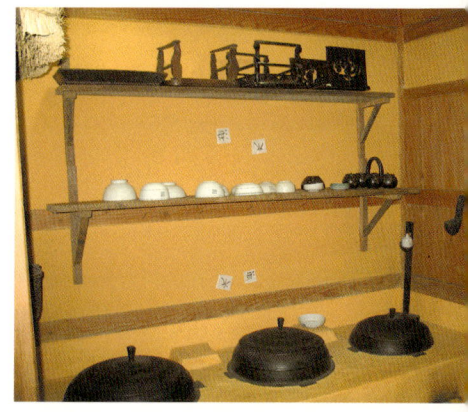

시절음식에 대해 재미있게 살펴본 다음 전통부엌과 그 살림들을 볼 수 있습니다. 오늘날의 부엌과 옛날 부엌의 다른 점은 무엇일까요? 오늘날에는 있지만 옛날 부엌에서는 볼 수 없는 것은 무엇이고 옛날 부엌에는 있는데 요즘 부엌에는 없는 것은 무엇일까요?

제2관 : 떡박물관

떡박물관에서는 평소에 볼 수 없었던 신기하고 예쁜 떡들을 볼 수 있습니다. 다양한 떡의 종류도 알아보고 50여 가지의 떡 만드는 기구도 볼 수 있답니다. 떡과 함께 우리 조상들이 즐겼던 차와 술 담그는 법도 잘 전시되어 있습니다.

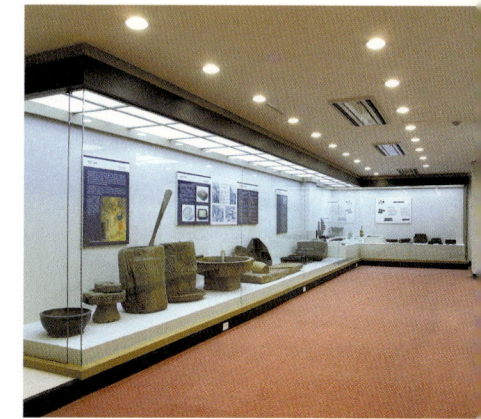

49

이야기 보따리

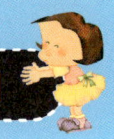

인절미라는 이름은 이렇게 붙여졌어요

조선 인조왕 때 이괄의 난으로 반란군이 한양을 점령해서 임금님이 공주로 피난을 가게 됩니다. 피난 중인 어느 날 임씨라는 농부가 임금님께 찰떡을 바쳤다고 합니다. 인조 임금은 그 떡을 먹어 보고 참 맛있는 떡이라 하여 신하들에게 그 이름을 물었으나 아는 사람이 없었다고 합니다. 이에 친히 떡 이름을 지어 내렸는데, 이 떡을 임씨 성을 가진 자가 절미한 떡이라 하여 '임절미'라 부르게 된 것이 시간이 지나면서 '인절미'로 바뀌게 된 것입니다.

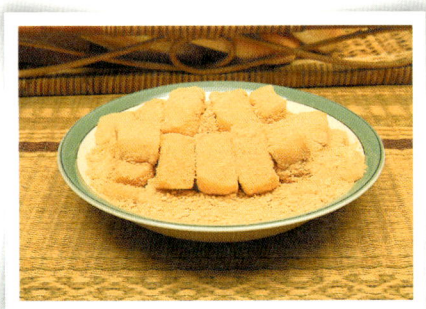

시시때때로 먹는 음식 – 시절음식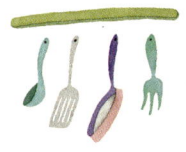

설날

음력 정월 초하루로, 한 해를 시작하는 가장 큰 명절이었습니다. 설날에는 떡국과 나박김치, 전유어와 식혜, 빈대떡과 편육을 먹었습니다.

| 떡국 | 설날 아침에 누구나 떡국을 먹습니다. 떡국은 묵은해가 가고 모든 것이 새롭게 시작되는 날에 엄숙하고 깨끗해야 한다는 의미로 먹었습니다. 예전에는 떡국을 끓일 때 꿩고기를 사용하였으나 지금은 구하기가 힘들어 쇠고기나 닭고기를 넣어 끓입니다. 개성 지방에는 조랭이 떡국, 이북 지방에서는 만두를 넣은 떡국을 먹기도 합니다.

| 나박김치 | 무와 여러 채소를 나박나박 하게 썰어 만든 물김치입니다.

정월 대보름

음력 1월 15일을 일컫는 정월 대보름은 일 년 동안 건강하게 잘 지내게 해달라고 빌며 많은 일들을 했던 날입니다. 대보름날에는 부럼도 깨물고 귀밝이술도 마시고, 오곡밥과 묵은 나물을 먹어서 겨울철 부족하기 쉬운 영양소를 섭취했습니다. 또 이날에는 세 집 이상의 밥을 먹어야 운이 좋다고 믿어 남의 집 밥을 얻어먹는 풍습도 있었습니다. 그리고 "내 더위 사가라" 하며 더위를 파는 날이기도 했답니다.

| 부럼 | 대보름날 새벽에는 땅콩이나 잣, 호두, 밤 등 부럼을 자기 나이 수대로 깨물며 종기나 부스럼이 나지 않게 해달라고 기원했습니다. 호두, 잣, 밤, 땅콩 등 견과를 껍데기째 '오도독' 소리가 나게 깨물어 먹는 부럼은 '부스럼'에서 온 말이라고 합니다.

| 귀밝이술 | 일 년 내내 기쁜 소식만 전해달라며 부녀자나 애들 할 것 없이 귀밝이술(耳明酒)을 마십니다.

| 오곡밥과 묵은 나물 | 쌀, 팥, 콩, 조, 수수를 넣어 오곡밥을 지어 이웃과 나눠 먹고, 갖가지 나물들을 삶아서 기름에 볶아 먹습니다. 정월 대보름에 묵은 나물을 먹기 위해 가을이 되면 호박고지·박고지·말린 가지·말린 버섯·고사리·고비·도라지·시래기·고구마 순 등 9가지 나물 등을 손질해서 겨울 동안 잘 말려두었다고 합니다.

삼짇날

음력 3월 3일인 삼짇날은 날씨가 좋아 산과 들에 꽃이 핍니다. 이날 사람들은 진달래꽃으로 화전을 부쳐 먹고 장을 담그며 집도 수리하며 봄을 맞이하였습니다. 나비를 보며 점을 치기도 했는데 노랑나비나 호랑나비를 보면 좋은 일이 생기고 흰나비를 보면 부모님 상을 당한다고 생각했습니다.

| 화전 | 진달래꽃을 뜯어다가 쌀가루에 반죽하여 참기름을 발라 지지는 꽃전(花煎)

단오

음력 5월 5일인 단오는 나쁜 귀신을 쫓는 의미에서 창포를 삶은 물로 머리를 감고 얼굴도 씻었습니다. 단옷날에는 붉고 푸른 새 옷을 입고 창포뿌리로 비녀를 만들어 머리에 꽂았다고 합니다. 단옷날 아침, 이슬을 맞은 쑥은 여러 질병에 효과가 있다 하여 그것을 뜯어 약으로 만들기도 하였습니다. 단옷날에는 여자들은 그네뛰기를, 남자들은 씨름을 하였으며 탈춤, 가면극 등을 하며 즐겁게 놀았습니다.

| 수리취떡 | 수리취와 불린 멥쌀을 함께 곱게 빻아 시루에 넣고 찐 떡

추석

추석은 음력 8월 15일로 일 년 중 가장 크고 밝은 달을 볼 수 있는 날입니다. 일 년 동안 열심히 일해서 거둔 햇과일과 햇곡식으로 조상님께 성묘를 하고 음식을 나눠 먹으며 즐거운 시간을 보내는 명절입니다.

또 추석에는 반보기라 하여 서로 보고 싶은 사람들끼리 날짜와 장소를 미리 정하고 만났습니다. 옛날에 시집간 여자들은 마음대로 친정 나들이를 할 수가 없었습니다. 그래서 농한기인 추석을 전후하여 어머니와 딸이, 또는 안사돈끼리 제각기 음식과 토산물을 가지고 두 집의 중간쯤 되는 시냇가나 고개의 적당한 곳에 모여 음식과 이야기를 나누며 즐겁게 한나절을 보내는 풍습이 생겼다고 합니다.

또, 한 마을의 여인들이 이웃 마을의 여인들과 경치 좋은 곳에 집단으로 모여 우정을 두터이 하며 하루를 즐기기도 하였습니다.

| 햅쌀밥과 토란국 | 잡곡을 섞지 않고 햅쌀로만 밥을 짓고 토란과 고기를 넣어 맑은 국을 끓여 먹었습니다.
| 송편 | 송편에는 콩·팥·밤·대추 등 햇것으로만 넣습니다. 추석 전날 밤 밝은 달을 보면서 가족들이 모여 송편을 만드는데 송편을 예쁘게 만들면 좋은 배우자를 만나며, 잘 못 만들면 못생긴 배우자를 만나게 된다고 해서 처녀, 총각들은 송편을 예쁘게 빚으려고 애썼다고 합니다. 또 임산부가 송편을 예쁘게 빚으면 예쁜 아기를 낳는다고도 했답니다.

동지

동지란 일 년 중에 밤이 가장 길고 낮이 가장 짧은 날입니다. 동지에는 붉은색의 팥죽을 끓여 먹었는데 동짓날 집 안 곳곳의 귀신을 쫓기 위해서랍니다. 우리 조상들은 귀신들이 붉은색을 무서워한다고 생각했답니다. 그래서 동지에는 붉은색의 곡식인 팥으로 죽을 쑤어 집 안 곳곳에 떠놓고 먹었답니다.

| 팥죽 | 팥죽은 팥을 삶아 으깨거나 체에 걸러 그 거른 물에다 새알만 한 크기의 찹쌀 경단을 넣어 죽을 쑨 것입니다. 찹쌀로 만든 이 경단을 '새알심'이라고 합니다. 팥죽의 새알심은 나이 수만큼 먹었다고 합니다.

여러 가지 떡

백설기

물 또는 설탕물에 내린 멥쌀가루를 시루에 안쳐 찐 떡입니다. 흰무리라고도 불리는 이 떡은 흰 색깔로 깨끗하고 신성한 의미를 지녀 어린아이의 백일, 돌 등에 많이 먹습니다. 우리 조상들은 아이들 백일이 되면 백설기를 만들어 백 군데에 나누어서 먹는 아름다운 풍습을 갖고 있었습니다.

화전

여러 가지 예쁜 꽃을 찹쌀가루에 부쳐 기름을 두르고 지진 떡입니다. 봄에는 진달래꽃, 배꽃, 초여름에는 장미꽃, 가을에는 국화꽃과 맨드라미로 만들었다고 합니다.

인절미

시루에 찐 찹쌀이나 찹쌀가루를 절구에 찧어 적당한 크기로 잘라 고물을 묻힌 떡입니다. 고물에 따라 팥 인절미, 깨 인절미, 쑥 인절미 등이 있습니다.

닭알떡

닭의 알처럼 생긴 떡이라고 해서 닭알떡이라 합니다. 곡물이 많이 생산되는 황해도 지방의 떡으로 다른 황해도 떡처럼 큼직하고 소담스럽습니다.

찹쌀과 멥쌀을 물에 불려 가루를 만들고 뜨거운 물로 반죽하여 달걀 모양으로 빚은 다음 붉은팥 앙금에 설탕을 넣고 졸여 만든 소를 넣고 물에 삶아냅니다. 삶아낸 떡에는 붉은팥고물을 묻힙니다.

55

룰루랄라 신나는 체험학습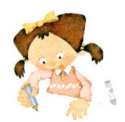

 ## 만들어 봅시다 ❶

떡부엌살림박물관에서는 여러 가지 맛있는 떡을 직접 만들어 볼 수 있습니다.
우리도 한번 배워볼까요?

꿀물경단   준비물 : 찹쌀가루, 물, 팥고물, 소(밤, 대추, 유자청건지, 호두, 잣)

1_ 찹쌀가루에 물을 넣고 잘 반죽합니다.
2_ 반죽에 소를 넣고 동그랗게 경단을 만듭니다.
3_ 물이 끓으면 경단을 넣고 끓어오를 때까지 삶아줍니다.
4_ 끓는 물에서 건진 경단은 마른 수건에 올려 물기를 없앱니다.
5_ 경단이 식으면 팥고물을 묻힙니다.

진달래화전   준비물 : 진달래꽃, 찹쌀가루, 물, 꿀, 식용유

1_ 찹쌀가루에 물을 넣고 잘 반죽합니다.
2_ 잘 섞인 반죽을 동그랗게 빚어 납작하게 누릅니다.
3_ 동글납작한 반죽 위에 꽃을 얹어 노릇노릇하게 지져줍니다.
4_ 지진 떡에 꿀을 묻혀 접시에 맛있는 진달래화전을 담습니다.

여러 가지 떡 만드는 기구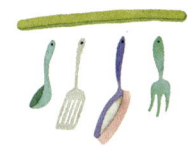

절구

절구는 곡식을 찧거나, 양념을 빻을 때 또는 메주나 떡을 찧을 때에 쓰는 도구입니다. 인절미와 같이 쳐서 만든 떡을 만들 때 사용했던 기구지요. 요즘에는 방앗간에서 곡식을 찧고, 믹서나 분쇄기같이 작은 전기용품을 절구 대신 사용합니다.

떡메

곡물의 알갱이를 가루로 만들어 떡판에서 떡을 칠 때 사용하는 기구입니다.

떡살

떡의 무늬를 찍는 기구입니다. 떡살은 집안마다 다양한 모양을 가지고 있어 그 집의 가풍을 드러냈습니다. 떡살의 모양은 한 번 지어지면 함부로 바꾸지 않고 대대손손 썼기 때문에 떡에 찍힌 무늬를 보고도 그 떡이 어느 집안의 것인지 알 수 있었다고 합니다.

떡살에는 여러 가지 문양을 찍었는데 복을 뜻하는 길상무늬와 벌, 나비, 새와 같이 좋은 의미를 지닌 동물, 꽃 등이 있었다고 합니다. 잔치 때나 손님에게 보낼 때, 시절음식을 만들 때마다 그에 맞는 무늬를 찍었다고 하니 떡 하나에도 여러 가지 의미를 넣었던 조상들의 마음씨가 느껴집니다.

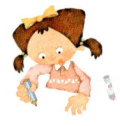

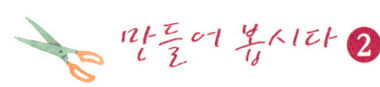

떡살무늬 만들기

준비물 : 감자나 고구마, 당근 같은 단단한 채소, 조각도, 지점토나 고무찰흙

1_ 단단한 채소를 반으로 자릅니다.

2_ 만들고 싶은 떡살무늬를 종이에 그립니다.

3_ 먹지를 대고 떡살무늬 그린 것을 올려놓습니다.
   이때 스케치한 것을 뒤집어서 사용해야 합니다.

4_ 채소의 자른 면에 무늬를 그리고 조각도로 조심조심 파냅니다.

5_ 고무찰흙이나 지점토로 떡 모양을 만들고 내가 만든 떡살로 잘 찍어냅니다.

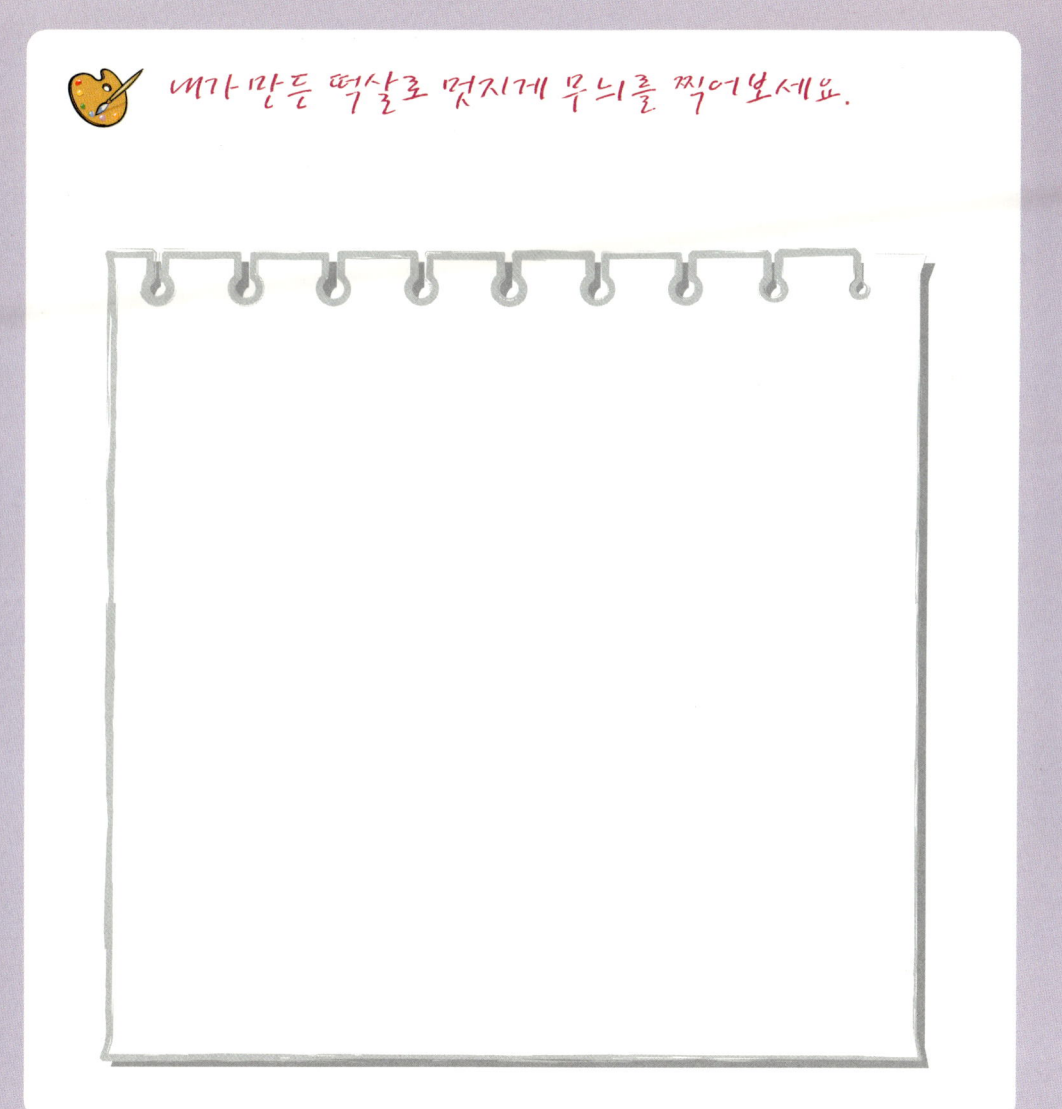

내가 만든 떡살로 멋지게 무늬를 찍어보세요.

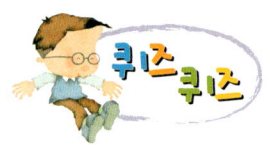

떡에 관한 속담 맞추기

01 '자기 하고 싶은 대로 하라' 는 뜻의 속담은 무엇일까요?

02 '우연히 좋은 기회를 얻어 하려던 일을 쉽게 해버린다' 는 뜻의 속담은 무엇일까요?

03 '아무리 마음에 들어도 이용하거나 차지할 수 없다' 는 뜻의 속담은 무엇일까요?

04 해줄 사람은 생각지도 않는데 해줄 것처럼 착각할 때 사용하는 속담은 무엇일까요?

05 '무슨 일이든 구하는 사람에게 이득이 돌아간다' 는 뜻의 이 속담은 무엇일까요?

06 '너무나 쉬운 일' 이라는 뜻의 이 속담은 무엇일까요?

정답 : 1_ 떡 주무르듯 하다.   2_ 떡 본 김에 제사 지낸다.
       3_ 그림의 떡   4_ 떡 줄 사람은 꿈도 안 꾸는데 김칫국부터 마신다.
       5_ 우는 아이 떡 하나 더 준다.   6_ 누워서 떡 먹기

룰루랄라 신나는 체험학습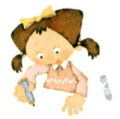

 떡이름대기 게임하기

내가 알고 있는 떡 이름을 대봅시다.
부모님과 같이 알고 있는 떡이름대기 게임을 해보세요.

✏️ **재미있는 글쓰기**

내가 제일 좋아하는 떡은 무엇인가요? 그 이유를 적어보세요.

61

룰루랄라 신나는 체험학습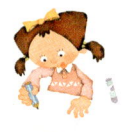

✏️ **간단한 글쓰기**

떡박물관을 관람하고 가장 마음에 드는 떡은 무엇인가요? 그 이유를 적어보세요.

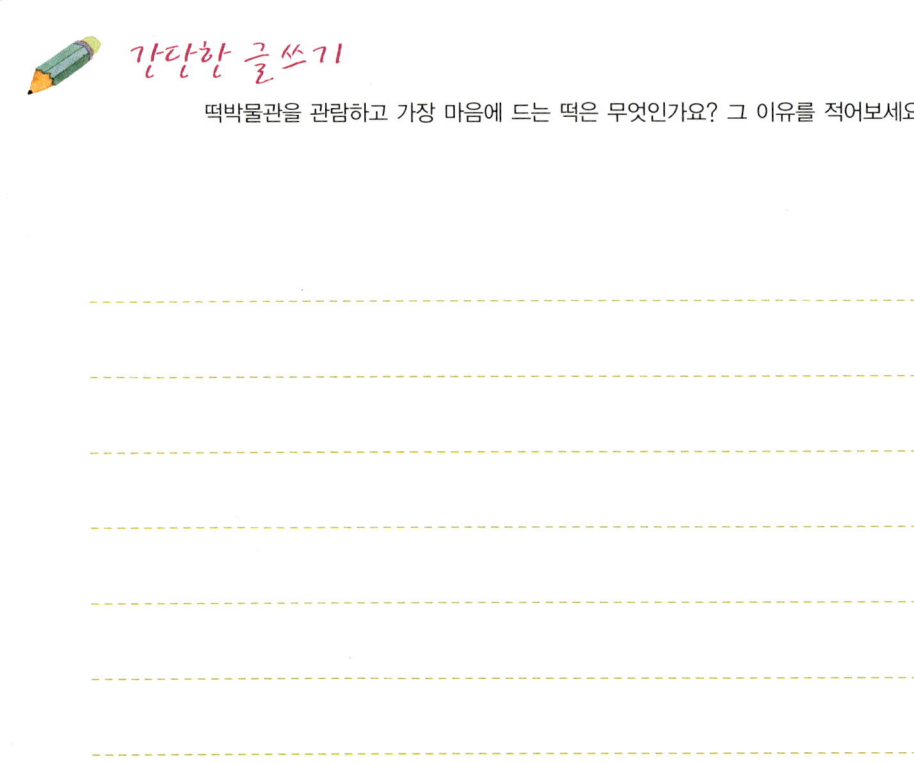

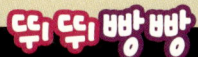 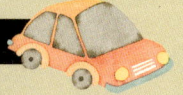

박 물 관 을 찾 아 서

| 교통안내 | 일반버스 : 109, 151, 162, 171, 172, 272, 1012, 7025번
창덕궁 하차
지하철 : 지하철 1, 3, 5호선 종로3가역 6번 출구 도보 3분 거리

| 관람시간 | 월요일~토요일 : 오전 10시~오후 5시
일요일~공휴일 : 오전 12시~오후 5시
* 휴관일 : 설날, 추석

| 관 람 료 | 일반 : 3,000원
초중고생 : 2,000원

| 관람안내 | 주소 : 서울특별시 종로구 와룡동 164-2
전화 : (02) 741-5447
인터넷주소 : http://www.tkmuseum.or.kr/

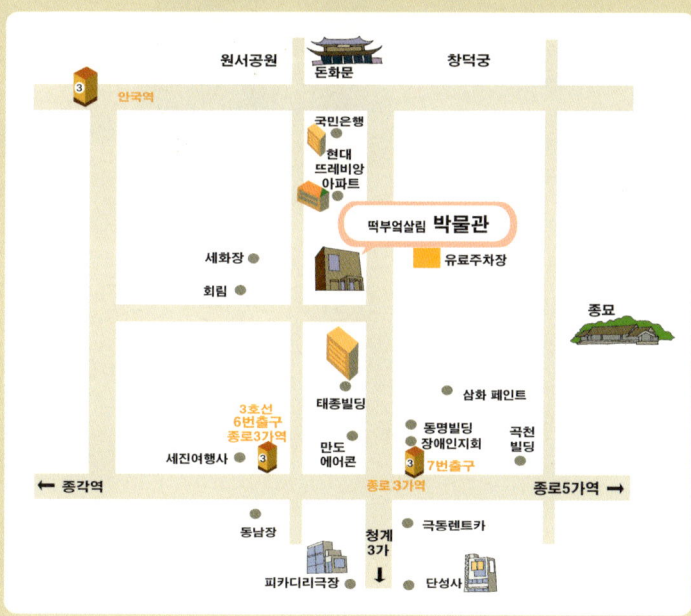

읽어두면 좋아요!
- 떼굴떼굴 떡 먹기
(서정오 지음, 보리)
- 떡잔치
(강인희 지음, 보림)

우리 조상들이 썼던 물건들을 한눈에 봐요 두루외박물관

얼쑤절쑤 신명 나는 탈춤과 함께 하회동탈박물관

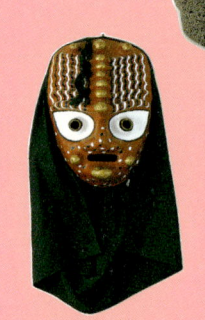

축음기와 에디슨이 만든 발명품이 한가득 참소리축음기 · 에디슨과학박물관

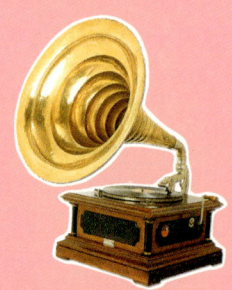

3학년을 위한

박물관

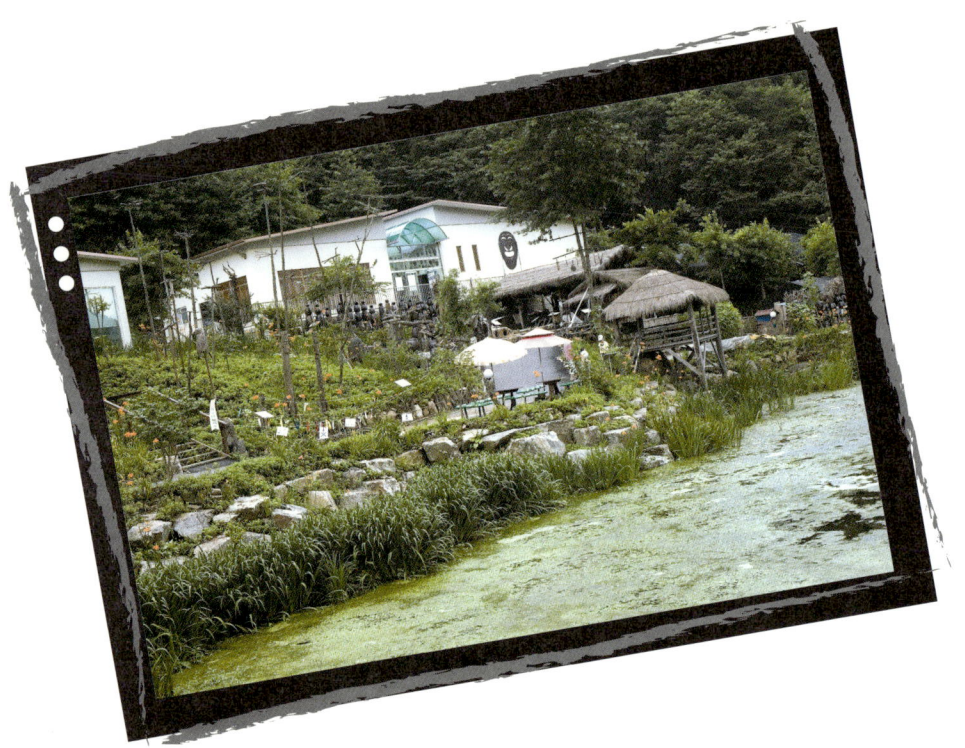

두루뫼 박물관

재미가 솔솔 성적이 쑥쑥

- 3학년 2학기 사회 : 조상들의 생활용품에서 멋과 슬기 알기
- 5학년 2학기 사회 : 우리 겨레의 종교생활
- 6학년 1학기 사회 : 조상들의 종교생활 – 장승과 솟대

박물관 요모조모

원삼국시대의 적색토기를 비롯하여 백제, 신라, 가야의 회색토기와 고려청자, 조선의 분청, 백자, 근세의 옹기까지를 전시하여 우리나라의 도자기가 어떻게 발달해 왔는지 알 수 있습니다.

의례관

갓, 화폐, 문방구, 서류 등 의례에 관련된 물건들을 전시한 곳입니다.

근세생활사관

우리 조상들이 사용하던 생활용구, 계량용구, 목조용구, 직조용구, 조명용구, 신발 등을 살펴볼 수 있습니다.

농업생활사관

우리 조상들이 농사를 지을 때 사용하던 여러 가지 용구가 전시되어 있습니다.

농업전시관

방앗간, 대장간, 헛간, 원두막 등 지금은 볼 수 없는 우리 조상들의 생활을 엿볼 수 있습니다.

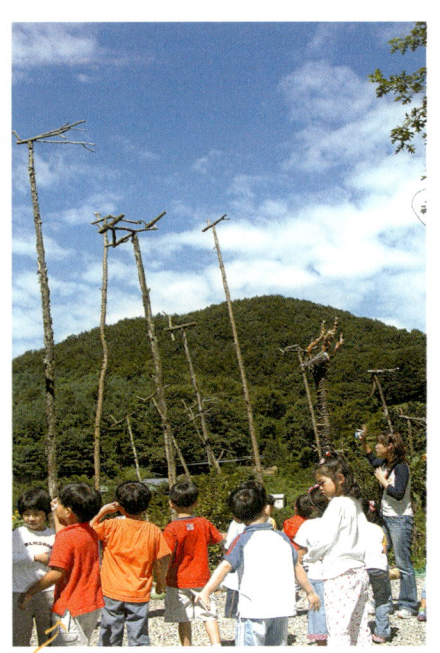

솟대

야외전시장

장독대, 옹달샘, 솟대, 장승 등 옛날 야외의 모습을 재현해 놓았습니다.

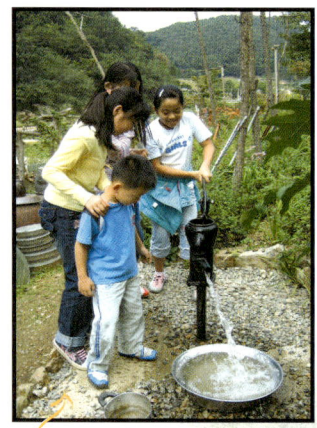

체험교육장

  어린이들이 직접 체험해 볼 수 있도록 다듬잇돌과 다듬이 방망이, 우리의 악기인 장구와 꽹과리 등이 준비되어 있습니다. 마음껏 두드려 보세요.

물 펌프질　　매통 돌리기

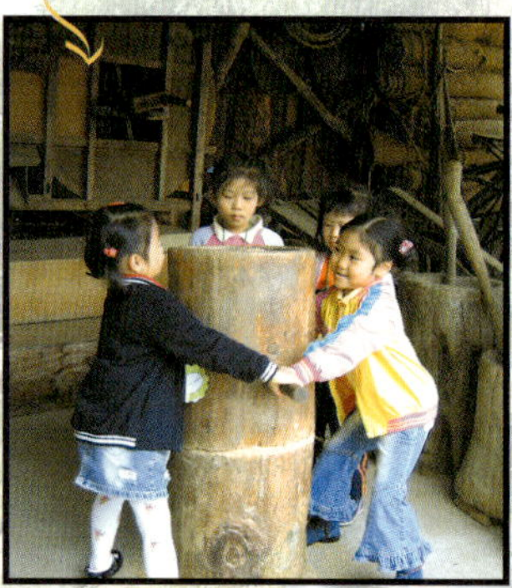

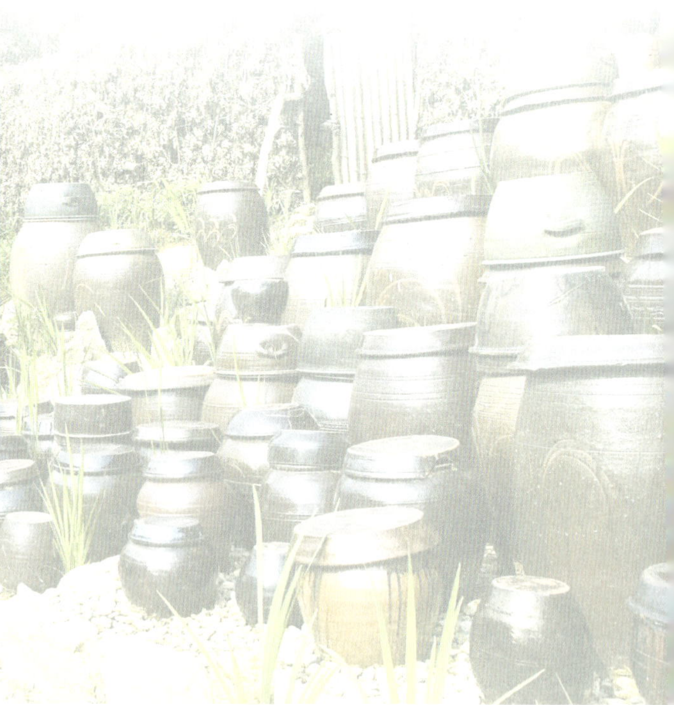

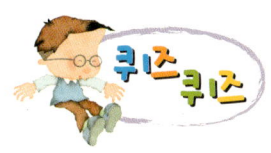

옛날에 쓰던 물건에는 어떤 것들이 있나요? 두루뫼박물관에서 다음 물건들을 찾고 ( ) 안에 동그라미를 해보세요.

장군

오줌이나 똥을 져 나르는 그릇으로, 물이나 술을 담기 위한 것도 있었습니다. (   )

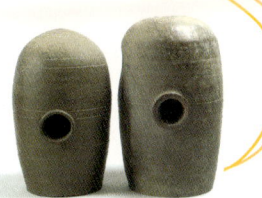

시루

떡을 찔 때 사용하던 그릇으로 밑에 구멍이 뚫려있습니다. (   )

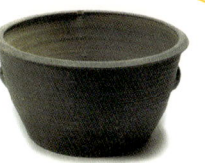

반짇고리

가위, 실, 골무 등 바느질 도구를 담아두던 그릇입니다. (   )

69

주판

셈을 할 때 쓰던 계산기구로 위에 있는 알은 5, 밑에 있는 알은 1을 뜻합니다. (　　　)

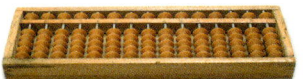

다듬잇돌과 다듬이 방망이

빨래한 옷을 다듬잇돌 위에 올려놓고 다듬이로 두드리면 구겨졌던 옷이 펴집니다. (　　　)

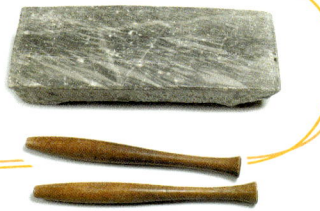

맷돌

곡식을 갈 때 사용하던 도구로 위아래 두 짝으로 되어있습니다. 자연석으로 만들어서 곡식의 영양분이 파괴되지 않는다고 합니다. (　　　)

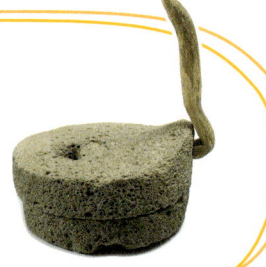

나막신

비올 때 신는, 나무로 만든 신발입니다. (　　　)

갓

조선시대 양반들이 쓰던 모자입니다. 말의 꼬리인
말총으로 만들었다고 합니다. (   )

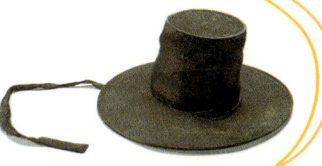

부채

더울 때 바람을 일으켜 시원하게 해주던 도구입니다. '부치는 채' 라는 말
을 줄여 부채라고 합니다. (   )

족두리

여자들이 예복을 입을 때 머리에 썼던 모자와 같은 것입니다. (   )

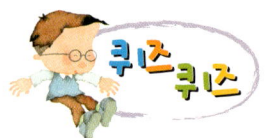 다음을 보고 요즘에도 쓰이는 옛날 물건을 찾아봅시다.

시루 / 주판 / 부채 / 족두리 / 나막신 / 다듬이 방망이 / 반짇고리

(   )

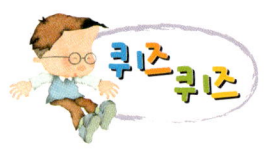 오늘날에는 이런 물건 대신 어떤 물건이 쓰이나요?

부채   (   )
나막신   (   )
다듬잇돌과 다듬이 방망이   (   )
맷돌   (   )

벼훑기 체험

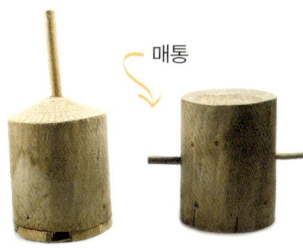

그네

붙어있는 쌀알을 털어내는 것을 '벼를 훑다' 라고 합니다. 오늘날에는 기계가 다 하지만 옛날에는 벼를 어떻게 훑었을까요? 두루뫼박물관의 체험학습장에서 직접 벼훑기를 해봅시다.

그네에서 벼훑기

|그네| 쇠나 대쪽을 마치 빗처럼 촘촘히 세우고 그 사이에 벼나 보리 이삭을 통과시켜 알곡을 훑어내는 연장

매통 돌려서 껍질 분리하기

매통

|매통| 벼의 껍질을 벗기는 도구

키질하여 알곡가리기

|키| 곡식 껍질을 날려 보내기 위해 까부르는 기구

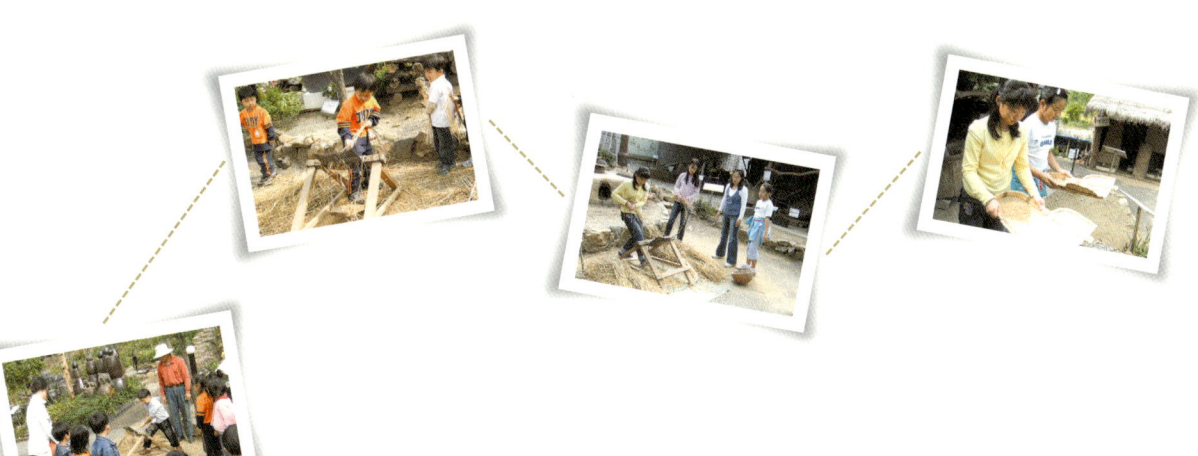

73

그 밖에 할 수 있는 체험

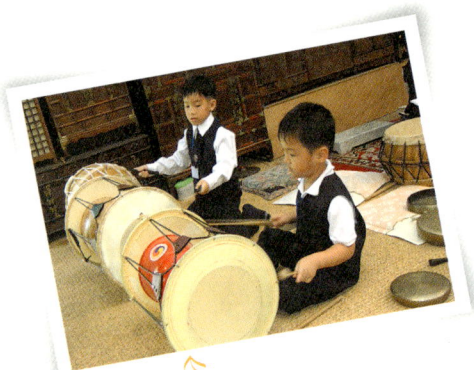

국악기체험

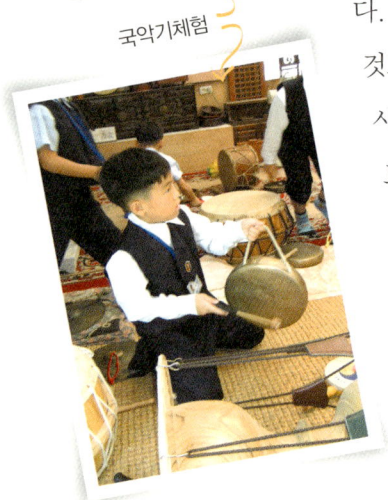

두루뫼박물관에서는 농경체험 외에도 여러 가지 체험을 할 수 있습니다. 체험학습실에서는 꽹과리, 징, 북, 장구 등 다양한 국악기를 마음껏 두드려 볼 수 있습니다. 또 우리 조상들이 쓰던 생활용품인 지게를 질 수도 있고 다듬잇돌과 다듬이 방망이로 옷감을 다리는 활동도 해볼 수 있습니다. 야외에 설치된 물 펌프에 마중물을 넣고 물을 긷는 것도 매우 즐거운 활동이랍니다. 예전에 수도가 없었던 시절에 쓰던 물 펌프질도 해보면서 즐거운 시간을 가져 보세요.

물 펌프질

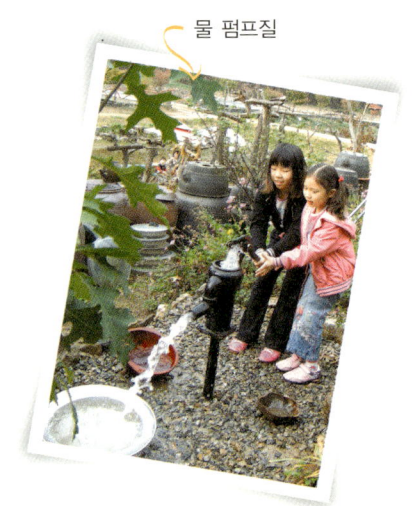

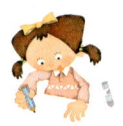
 다음 그림에서 우리 조상들이 쓰던 생활용품을 찾아 이름을 써봅시다.

잘 모르는 것은 두루뫼박물관에서 찾아봅시다.

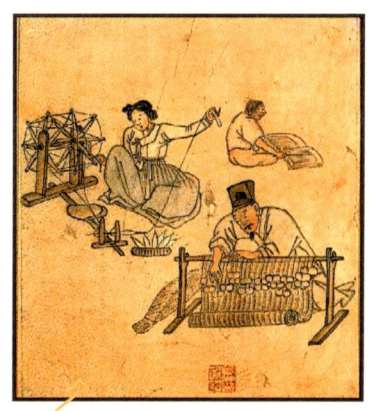

김홍도의 '자리 짜는 양반'

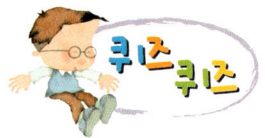

속담 퀴즈를 풀어봅시다.

(   )사러 갔다가 망건 산다.

사려고 하던 물건이 없어 그와 비슷하거나
전혀 쓰임이 다른 것을 사는 경우를 비유적으로 이르는 말입니다.

(   ) 신고 얼음 지치듯 하다.

걷는 것도 불편한 이것을 신고 미끄러운 얼음판을 지친다는 뜻으로
매우 불편하게 어떤 일을 하는 모양을 뜻합니다.

(   )에 물 퍼붓기

구멍 난 이것에 물을 붓는다는 뜻으로, 아무리 수고를 하고 공을 들여도
효과가 나타나지 않는 일을 비유적으로 이르는 말입니다.

정답 : 갓, 나막신, 시루

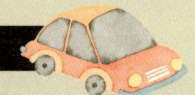

| 교통안내 | 통일로(1번국도) - 봉일천 사거리에서 문산 방향으로 우회전 후 직진 - 파주역에서 법원읍 방향으로 우회전 - 법원읍 사거리에서 우회전 - 파주 시립법원도서관 좌측으로 약 1km 진입 |

대중교통　버스 : - 서울 불광동 시외버스터미널에서 신성교통 31번, 신일여객 300번 버스를 타고 파주 시립법원도서관에서 하차(약 1시간 20분 소요), 도서관 좌측의 초리골 진입로로 약 1km 정도 도보
- 금촌터미널에서 평안운수 32, 32-1번, 신일여객 13번 버스 타고 파주 시립법원도서관 하차
- 의정부 시외버스터미널 평안운수 32, 32-1번, 파주 시립법원도서관 하차
열차 : 경의선 문산 방면 열차를 타고 월롱역 혹은 파주역에서 내린 후 평안운수 32, 32-1번, 신일여객 300번 버스 탑승 후 파주 시립법원도서관 앞에서 하차, 도서관 좌측의 초리골 진입로로 약 1Km 도보

| 관람시간 | 오전 10시~오후 6시(휴무일 없음) |

| 관 람 료 | 어른 : 3,000원　중고생 : 2,500원　어린이 : 2,000원 |

체험학습 체험료 : 농경체험 3,000원(3인 이상)
국악기, 다듬이질, 제기차기 무료

| 관람안내 | 주소 : 경기도 파주시 법원읍 법원리 139-5 |

전화 : (031) 958-6101~2

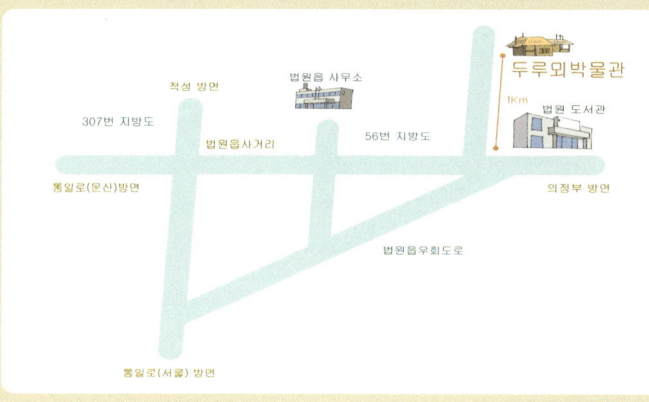

읽어두면 좋아요!

● 숨 쉬는 항아리
(정병락 지음, 보림)
● 씨실날실
(주강현 지음, 보림)
● 옛날 사람들은 어떻게 살았을까? (조은수 지음, 창작과비평사)

3학년

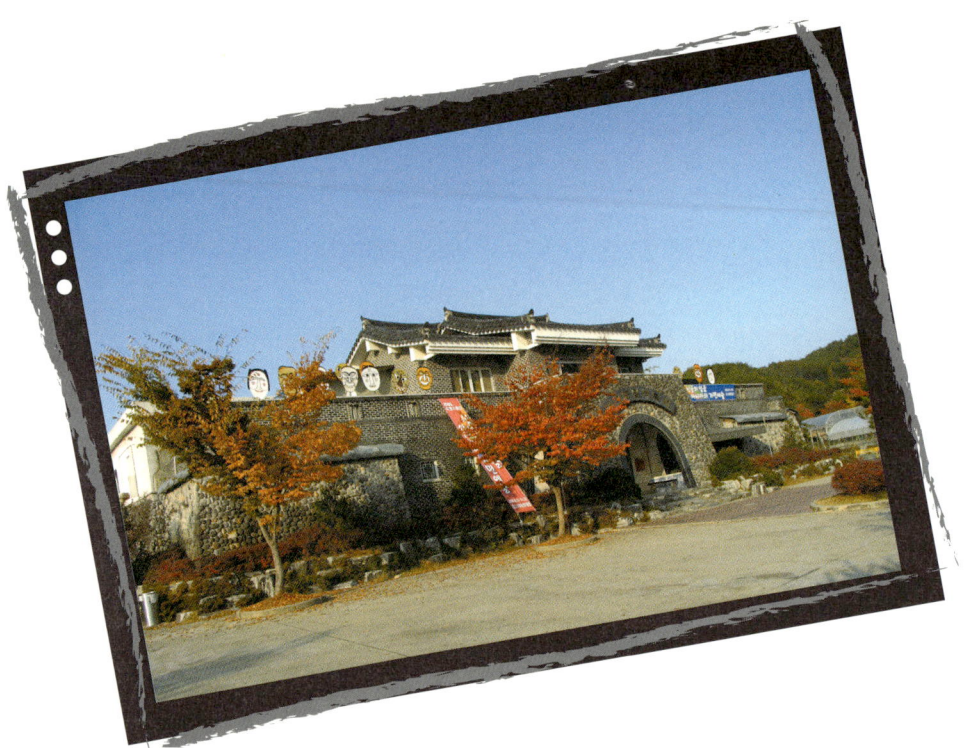

얼쑤절쑤 신명 나는 탈춤과 함께

하회동탈박물관

재미가 솔솔 성적이 쑥쑥

- 3학년 1학기 국어 말하기 : 하회탈에 관한 글을 읽고 전통문화에 대해 말해보기
- 3학년 2학기 사회 : 우리 고장의 전통문화
- 4학년 체육 : 탈춤 춤사위 익히기
- 6학년 미술 : 하회탈 만들기

박물관 요모조모

제1전시실 : 한국관

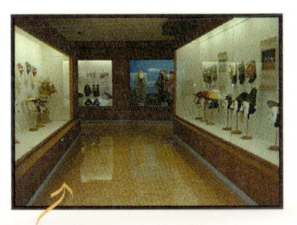
제1전시실 : 한국관

　우리나라 각지 탈들의 유래와 종류를 간단한 설명과 함께 보기 쉽게 잘 전시한 곳입니다. 하회탈을 비롯하여 황해도 지역의 해서탈춤, 경기도 지역의 산대놀이, 경남 지역의 오광대와 야류 등 각 지역별로 탈들이 잘 전시되어 있고 처용, 북청사자와 같이 특징 있는 탈들을 볼 수 있습니다. 말뚝이, 양반, 취발이, 영노 등 우리나라 탈놀이에서 거의 공통적으로 나온 탈들을 함께 비교해 볼 수 있는 코너도 있습니다.

제2전시실 : 아시아관

　중국, 일본, 인도네시아, 필리핀 등 아시아 각국의 탈들을 전시하고 있습니다. 우리나라 탈과 어떤 점이 같고 어떤 점이 다를까요? 비교해 보면서 관람하면 더욱 재미있겠죠?

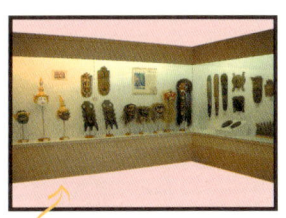
제2전시실 : 아시아관

제3전시실 : 세계관

　아프리카, 멕시코, 프랑스, 이탈리아 등 세계의 탈들이 고루 전시되어 있습니다. 우리나라의 탈과는 많이 다르겠죠? 특히 아프리카의 탈은 서구의 유명한 화가인 피카소, 마티스, 브란쿠시에게 큰 영향을 미쳤다고 합니다.

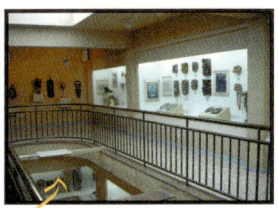
제3전시실 : 세계관

하회탈을 만든 허도령

옛날 옛날에 하회마을에서 자꾸만 나쁜 일이 생기는 거야. 농사도 안 되고 사람도 자꾸만 죽고 말이지. 그런데 그 마을에 허 도령이라는 잘생기고 맘씨 착한 총각이 살았나 봐. 이 허 도령이 마을에 나쁜 일이 더 이상 일어나지 않기를 바라며 백일 동안 정성을 드렸대. 그러던 어느 날 밤 꿈에 산신령이 나타난 거야. 산신령이 허 도령에게 이렇게 말했지. "마을의 나쁜 일을 멈추게 하려면 12개의 탈을 만들어라. 다만 탈을 만들 때 아무도 엿보면 안 된다. 만약 누군가가 엿보면 너는 죽게 될 것이다."

허 도령은 그 뒤로 열심히 탈을 만들었지. 열두 번째 탈을 만들 때 허 도령을 몰래 짝사랑하던 처녀가 그만 몰래 엿보았대. 그래서 허 도령은 죽게 되고 탈 12개를 완성하지 못했다고 해. 그래서 이매탈이라는 탈은 턱이 없단다. 허도령이 만들다가 죽어서 미완성으로 남겨진 거지.

이런 전설이 있는 하회탈에 대해 더 알아볼까? 자, 그럼 안동의 하회동탈박물관으로 출발!

탈은 무엇일까요?

탈은 동물이나 사람의 얼굴을 만들어 얼굴에 쓰는 것을 말합니다. 한자로는 가면이라고도 합니다.

탈이라는 말에는 두 가지 뜻이 있습니다. 고대 몽골어로 '얼굴' 이라는 의미로 탈이라는 단어가 사용되었고, '탈이 났다' 처럼 나쁜 일이나 재앙을 뜻하기도 하고 그런 일들을 없앤다는 의미로 쓰이기도 합니다. 정월 초하루에 나쁜 재앙을 없애기 위해 탈놀이를 했는데, 놀이가 끝나면 탈을 모두 불에 태워버렸다고 합니다. 우리 조상들은 집 안에는 절대 탈을 두지 않았는데 집 안에 탈이 있으면 나쁜 일이 생길 거라고 생각했기 때문입니다.

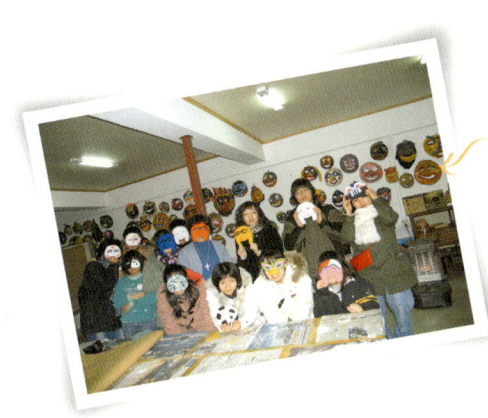

탈 만들기 체험

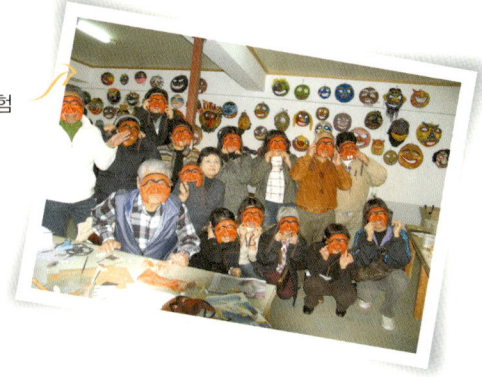

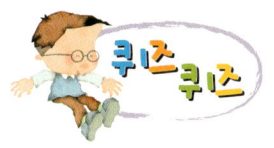 **배가 아프거나 설사를 하는 병은?** (   )

정답 : 탈

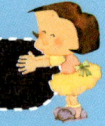

역신을 잠재운 처용

신라의 헌강대왕이 어느 날 물가에서 쉬고 있는데 구름과 안개가 자욱해져 앞이 잘 보이지 않아 길을 잃게 되었습니다. 왕의 신하가 이를 보고 동해용을 위해 절을 지어야 한다고 일러주었습니다. 왕은 그 말을 듣고 용왕을 위해 근처에 절을 지으라고 지시하자 안개가 걷히고 가는 길이 나타났다고 합니다. 동해용은 자신을 위해 절을 지어준 것을 매우 기뻐하며 일곱 아들을 데리고 나와 왕을 위해 노래하고 춤을 추었습니다. 그중 용왕의 한 아들인 처용이 왕의 밑에서 일하기를 원하자 임금은 아름다운 미녀와 결혼까지 시켜주었습니다. 그러던 어느 날 처용이 늦게 집에 돌아와 보니 자신의 아내가 다른 남자와 함께 있는 것이었습니다. 그 남자는 바로 천연두를 옮기는 역신이었습니다. 이에 처용은 화를 내지 않고 달 밝은 마당에서 춤을 추며 "본디는 내 것인데 빼앗겼으니 어찌할꼬"라고 노래를 불렀다고 합니다. 그의 노래를 듣고 안에 있던 역신이 나와 용서를 빌면서 "맹세코 앞으로는 당신의 모습을 그린 것만 보아도 그 문에 들어가지 않겠습니다"라고 말하고는 도망갔다고 합니다. 그래서 그 이후로 처용무를 추기도 했고 처용탈을 깎아 문앞에 걸어두어 역신의 근접을 막기도 했습니다. 처용탈은 모란꽃과 복숭아 가지를 머리에 꽂았는데 예로부터 모란꽃은 부귀를 상징하고 복숭아는 귀신을 쫓는 식물이었다고 합니다.

탈은 어떨 때 쓰였나요?

탈놀이를 할 때 사용했습니다. 정월 대보름이 가까이 오면 한 해 동안 아무 일 없이 무사하게 잘 지내게 해달라고 탈놀이를 했습니다. 탈놀이가 나쁜 재앙을 모두 쫓아버린다는 의미를 지니고 있기 때문이에요. 우리나라에서는 이런 풍속이

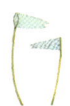

각지에서 잘 드러나 있어서 제1전시관에 가면 지역별로 쓰였던 탈들을 볼 수 있지요. 하회탈이면 하회마을, 은율탈이면 황해도 은율이라는 지방에서 쓰였던 탈인 거예요.

얼굴에 쓰지 않고 신당에 걸어두고 신앙의 대상으로 쓰인 탈도 있습니다. 개성의 덕물산에 모셔졌던 창귀씨, 소미씨 등의 탈들이 그 예입니다. 또 귀신을 쫓거나 굿을 할 때 쓰였던 탈도 있지요.

요즘에는 이런 모습을 볼 수 없지만 옛날에는 보통 장례식 때 방상시라는 탈을 쓴 사람이 장례행렬의 맨 앞에 섰다고 합니다. 우리 조상들은 방상시가 사람과 달리 눈이 네 개여서 귀신을 더 잘 볼 수 있다고 믿었던 거예요. 그래서 방상시 탈을 쓰고 춤을 추면서 행렬도 하고 장지(장사하여 시체를 묻는 땅)의 네 귀퉁이를 막대기로 찌르는 의식을 했답니다. 그러면 잡신들이 무서워서 가까이 오지 못했답니다.

언제부터 우리 생활 속에서 탈이 없어졌을까요? 지금은 정월 대보름에도 장례식에서도 탈을 볼 수가 없잖아요? 탈을 보려면 박물관에 가야 볼 수 있고요. 우리 조상들의 풍속과 그 정신을 많이 잃어버려서 아쉬운 마음이 드는군요.

탈은 무엇으로 만들었을까요?

박바가지, 나무, 짚, 종이 등 주변에서 구하기 쉬운 재료로 만들었습니다. 흥부와 놀부에서 보물도 나오고 똥물도 나오는 박바가지 있죠? 그런 박바가지의 속을 파내고 잘 말려서 탈의 재료로 이용했습니다.

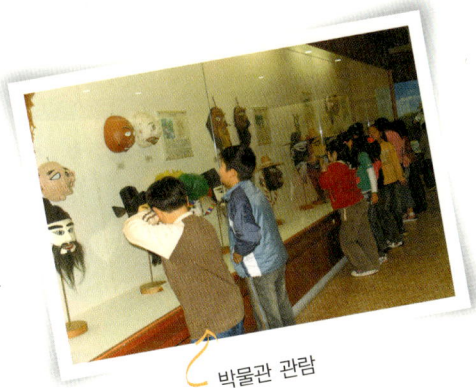

박물관 관람

탈놀이는 누가 했을까요?

지금으로부터 100년 전만 해도 양반, 상민이라는 말이 있었습니다. 사람마다 계급이 있어서 양반과 상민을 아주 차별했답니다. 상민은 아무리 공부를 잘해도 사또, 영의정 같은 관리를 할 수 없었어요. 상민은 어렵고 궂은일은 다 하면서도 상민이라고 차별받고 억울한 일도 많이 당했던 거죠. 탈놀이는 상민들이 주도해서 만들었기 때문에 양반보다는 상민이 더 힘도 세고 잘생기게 등장합니다. 반면 양반은 거짓말하고 잘난 척하는 등 성품도 고약하고 힘도 약한 걸로 나오지요. 탈놀이를 하면서 상민들은 평소에 억울했던 감정을 시원하게 풀 수 있었을 거예요.

이런 양반제도는 1894년 갑오개혁 때 공식적으로 폐지되었지만 그 후로도 몇 십 년간 남아있었다고 합니다. 아직도 이런 제도가 남아있다면 어떨까요? 상상해 보세요.

체험프로그램 : 탈그림 탁본하기 – 탈그림 그리기 – 탈 만들기

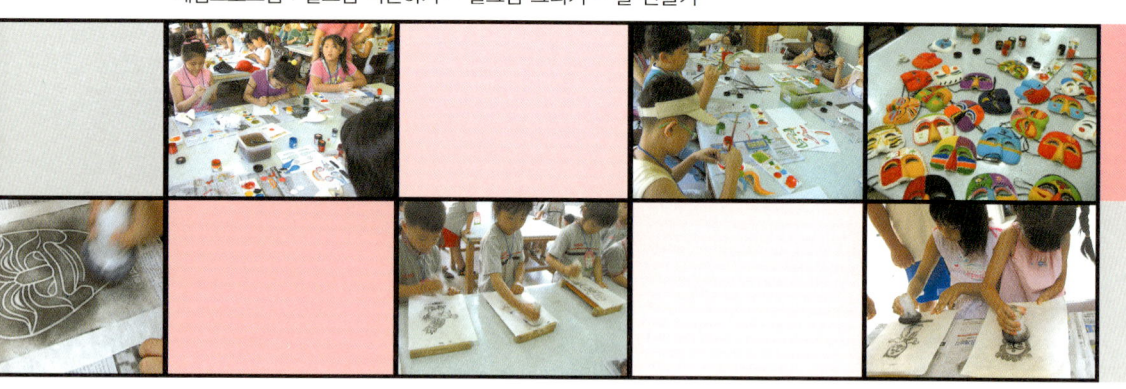

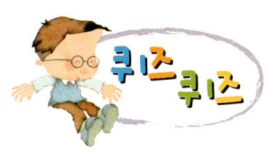 퀴즈퀴즈 **양반에 대한 속담을 풀어봅시다.**

01 양반은 물에 빠져도 ☐☐☐ 은 안 친다.

: 아무리 다급한 일이 생겨도 체통을 지킨다는 말

힌트 : 개가 헤엄치듯이 팔을 앞으로 내밀어 손바닥으로 물을 끌어당기면서 하는 헤엄

02 양반 ☐☐ 진 것 같다.

: ( )와는 아무 인연이 없는 양반이 어떻게 지는지도 모르는

( )를 지고 있는 모양과 같다는 뜻으로, 모양이 어울리지 않

고 하는 짓이 서투른 모양을 놀림조로 이르는 말.

힌트 : 나무꾼들이 많이 쓰는 농기구

03 양반은 ☐ 을 먹어도 이를 쑤신다.

: 보통 고기를 먹어야 이를 쑤시죠? 가난한 양반이 이것을 먹고도 고기를 먹은 척 이를 쑤시는 모습을 보고 비웃는 속담입니다.

힌트 : 쌀을 묽게 끓여 만든 음식입니다. 예전에는 가난한 사람들이 끼니를 때울 때 많이 먹었죠.

정답 : 개헤엄, 지게, 죽

85

양반을 잡아먹는 상상의 동물

상민들은 양반이 밉긴 미웠나 봐요. 아예 양반을 잡아먹는 상상의 동물이 탈놀이에 나오기도 한답니다. '영노'라는 동물인데 시꺼멓고 울퉁불퉁한 것이 무섭게 생기긴 했어요. 하늘나라에서 양반만 잡아먹으려고 내려왔답니다. 통영 오광대 영노의 저 큰 입 좀 보세요. 귀는 토끼와 닮았고, 얼굴에 혹은 몇 개가 있는 걸까요?

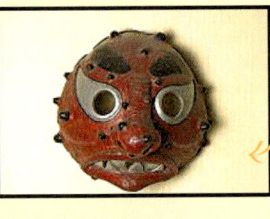

동래야류 – 영노

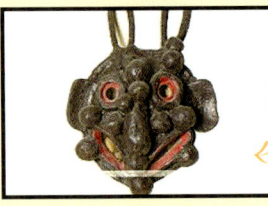

통영 오광대 – 영노

룰루랄라 신나는 체험학습

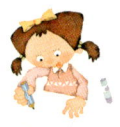

 엄마 아빠와 함께 역할놀이를 해봐요.

양반 : (깜짝 놀라며) 너는 누구냐?

영노 : 나는 양반들 행실이 나빠서 양반을 잡아먹으려고 온 영노다. 이제 껏 아흔아홉 명 잡아먹었는데 한 명만 더 잡아먹으면 하늘나라로 올라간다. 너 그러고 보니 양반 같은데…….

양반 : (덜덜 떨면서) 아니다. 나 양반 아니다.

영노 : 도포 입은 것을 보니 양반인데…….

양반 : 아니다, 나 양반 아니다. 이것 벗으면 되지(허겁지겁 도포를 벗는다).

영노 : 아니야. 이리 보고 저리 보아도 양반 같은데…….

양반 : 아이고, 무슨 소리!

영노 : 그럼 구렁이 먹을 줄 알아?

양반 : 물론, 먹을 수 있지.

영노 : 그럼 개구리도 ?

양반 : 물론, 나 개구리 얼마나 좋아하는데…….

영노 : 설마 올챙이는 못 먹겠지?

양반 : 아니야. 내가 제일 좋아하는 게 올챙이인데…….

룰루랄라 신나는 체험학습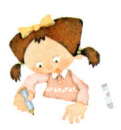

 하회동탈박물관에서 다음 탈을 찾아 번호를 써봅시다.

양반탈 (　　)　　　　각시탈 (　　)

이매탈 (　　)　　　　취발이 (　　)

창덕궁방상시 (　　)　　콩고조개탈 (　　)

동래말뚝이 (　　)

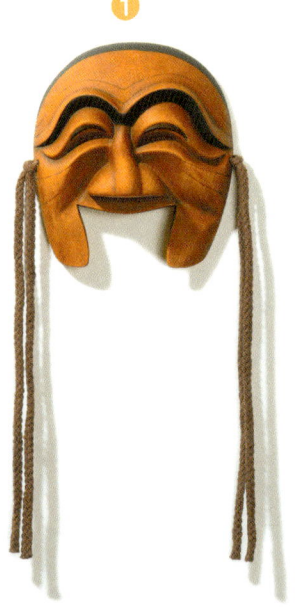

❶

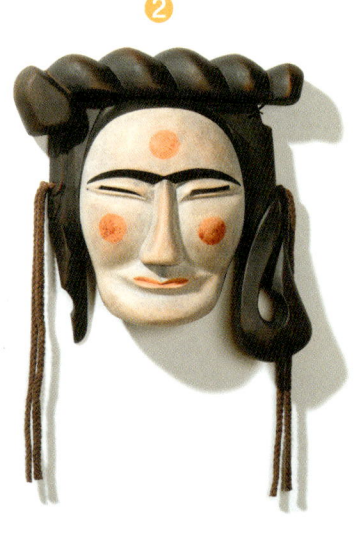

❷

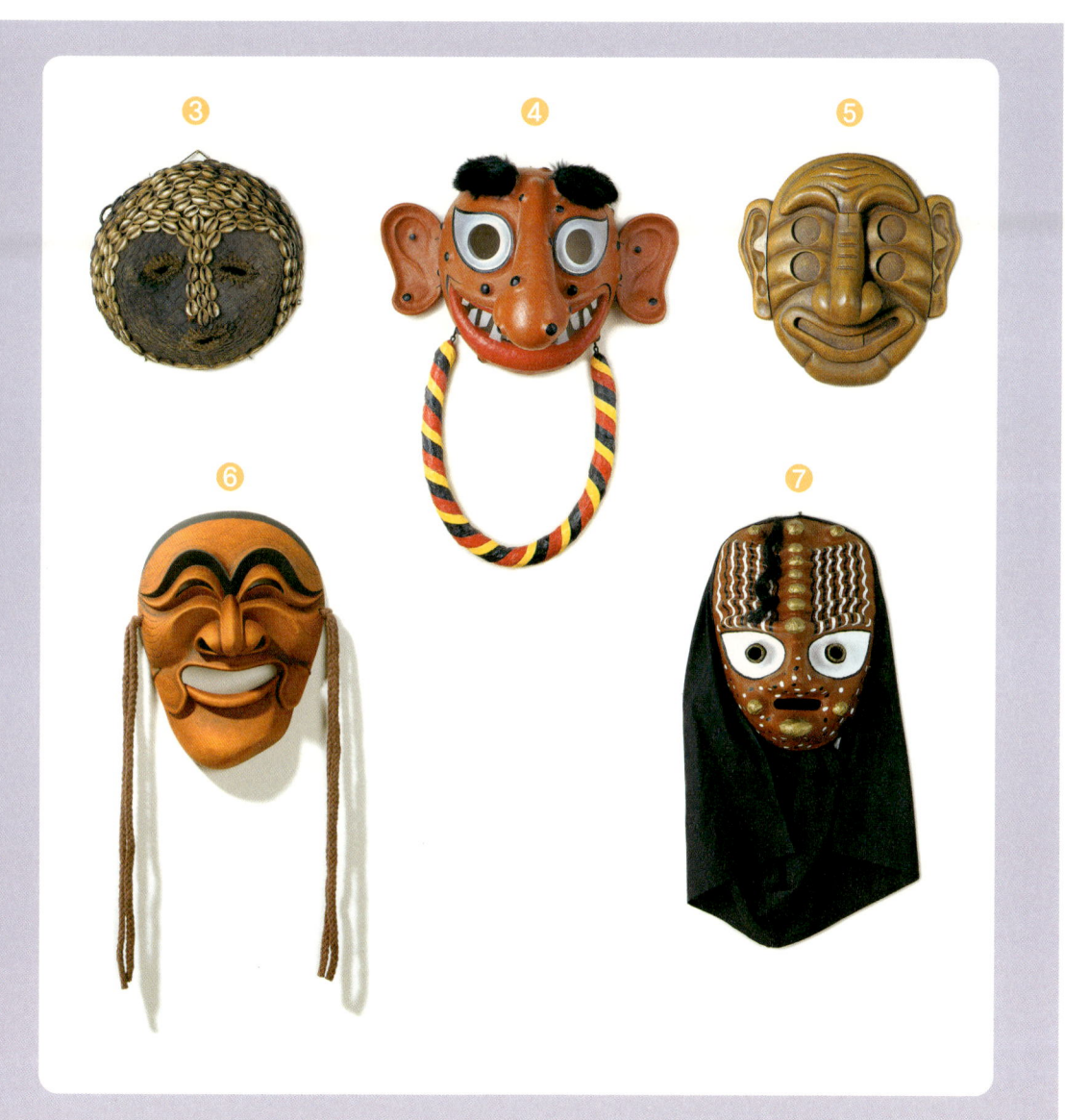

룰루랄라 신나는 체험학습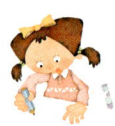

 하회동탈박물관에서 다음 탈의 이름을 찾아 써봅시다.

하회탈은 다른 탈과 달리 턱 부분을 자유롭게 움직일 수 있도록 제작되었습니다. 그러나 모든 하회탈의 턱이 다 움직일 수 있도록 만들어지지는 않았습니다. 하회탈 중 턱을 자유롭게 움직일 수 있도록 만든 탈에는 어떤 것이 있을까요?

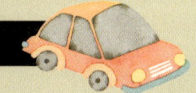

뚜뚜 빵빵   박 물 관 을   찾 아 서

교통안내	서안동 IC – 안동 – 하회마을

대중교통	시내버스	안동 : 하회마을 46번 버스(40분)
		안동여객(주) : (054) 858-9027
	시외버스	서울(동서울) ↔ 안동 : 배차간격 30분
		대구 ↔ 안동 : 배차간격 약 7~20분
		안동 시외버스터미널 : (054) 857-8297, 8298
		동서울터미널 : (02) 458-4851
	열차편	청량리 → 안동 / 주말 6:25
		6:50/9:00/11:00/13:00/15:00/16:00/18:00/21:00
		서울역 → 안동 18:10 / 1일 1회 운행

관람시간	오전 9시 30분~오후 6시 * 휴관일 : 설날, 추석

관 람 료	어른 : 2,000원 청소년 및 어린이 : 1,000원
	보호자를 동반한 6세 이하 어린이 무료

관람안내	주소 : 경상북도 안동시 풍천면 하회리 287
	전화 : (054) 853-2288

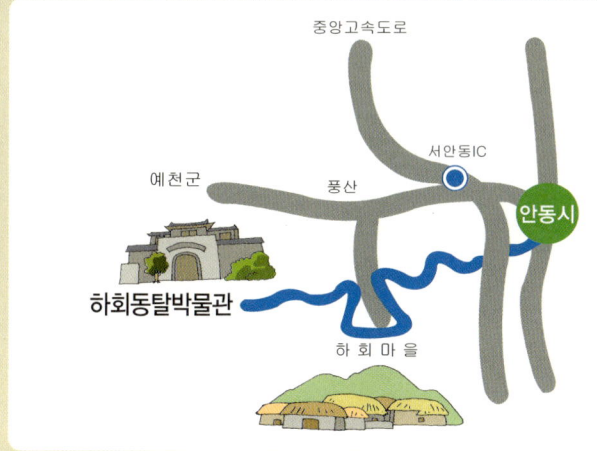

읽어두면 좋아요!
- 심청가 (이현순 지음, 초방책방)
- 아무도 모를거야 내가 누군지 (김향금 지음, 보림)

91

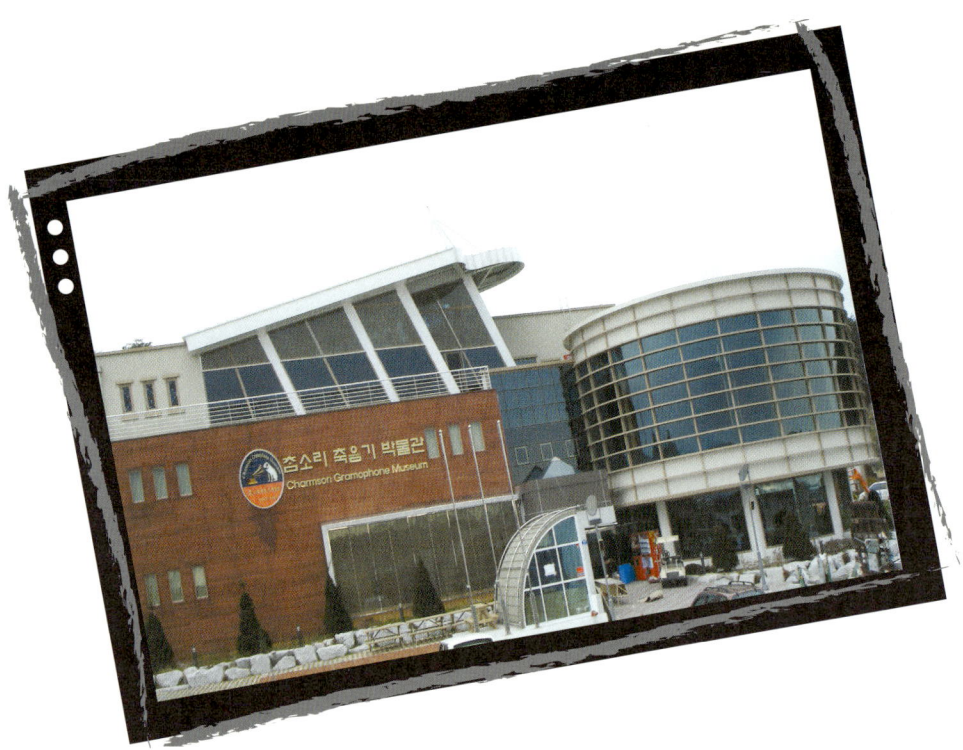

참소리축음기 에디슨과학박물관

재미가 솔솔 성적이 쑥쑥

- 3학년 2학기 과학 : 소리를 내는 원리 알기
- 4학년 1학기 과학 : 전구를 최초로 발명한 사람 알기

박물관 요모조모

참소리축음기박물관

제1전시관 (본관 1층)

축음기가 발명되기 전, 1796년 스위스에서 처음 만들어지기 시작하여, 1800년 대에 유럽 여러나라에서 생산되었고 이후 대중들에게 일반화되었던 "뮤직박스"가 써커스오르간을 비롯 20여 종이 전시되어 있으며, 각종의 아름다운 모형의 나팔 축음기를 비롯 포터블축음기, 어린이축음기 등 250여 점이 전시되어 있습니다.

제2전시관 (본관 2층)

축음기가 소리를 듣는 단순한 오락기기에서 발전하여, 각 가정의 장식품으로 자리매김하던 1920~1930년대 제작된, 케비넷형 내장형축음기로 전 세계 15개 국에서 제작한 150여 종류의 장식형 내장형의 축음기가 전시되어 있습니다.

제3전시관 (본관 3층)

1925~1980년대까지, 세계 각국에서 생산된 다양한 형태의 라디오와 TV 등이 주로 전시되어 있으며, 영국에서 제작된 세계최초의 TV인 "베어드 30라인 TV"가 전시되어 있습니다.

음악감상실 (본관 2층)

참소리축음기박물관의 심벌인 음악감상실은, 축음기레코드형의 원반형으로 설계되었으며, 200명이 동시에 입장, 음악감상을 할 수 있습니다. 축음기소리부터 현대의 CD, LD, DVD까지의 소리역사의 발전 100년대를 큐레이터의 설명과 함께 직접 소리를 감상할 수 있습니다.

전망대 (본관 옥상)

본 박물관 3층 옥상전말대로, 멀리는 동해의 수평선부터 가까이는 경포호수가 바로 전면에 펼쳐져 있는 천혜의 경관을 감상할 수 있는 옥외휴게실입니다.

에디슨과학박물관

제1전시관 (1층)

에디슨의 3대 대표적 발명품인, 축음기 · 전구 · 영사기가 소리, 빛, 영상의 세계를 이루고 있습니다. 에디슨 최초의 축음기인 "틴포일"로부터 에디슨 축음기회사의 대표적 축음기인 "엠베롤라", "오페라", 다이아몬드디스크 등 200여 종의 각종 에디슨 축음기와 에디슨 최초의 탄소전구를 비롯, 이후 에디슨 전기회사에서 생산된 50여 개의 각종 형태의 전구가 100년이 지난 오늘날까지 밝은 불빛을 비추고 있답니다. 또한 에디슨 최초의 영사기 "키네토스코프"를 비롯한 극장용, 교육용, 가정용등 150여 개의 영사기와 에디슨 전기회사의 대표적 생산품인 "다이나모 발전기"와 배터리 등이 전시되어 있습니다.

제2전시관 (2층)

에디슨이 생전에 발명 및 개발한 각종 생활용품 및 가전제품, 주방기기 등이 전시되어 있습니다. 대표적 전시품으로는 "에디슨 일렉트릭 펜", 에디슨 등사기, 주식시세표시지, 전화기 등이 있어요. 수많은 종류의 전시품이 에디슨의 손에 의해 만들어진 전시품이랍니다. 커피포트, 에디슨 인형, 타자기, 재봉틀, 난로, 선풍기, 다리미, 온풍기, 시계 등 200여 종의 에디슨 발명품이 전시되어 있습니다.

이야기 보따리

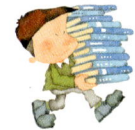

에디슨과 발명품

에디슨이라는 과학자는 너무나 유명해서 아마 모르는 친구들이 없을 거예요. 에디슨은 축음기, 영화촬영기, 백열전구 등 1,000여 가지의 물건들을 발명했다고 합니다. 그래서 사람들은 에디슨을 발명왕이라고 부른답니다.

이렇게 유명한 에디슨은 초등학교에 입학한 지 3개월 만에 퇴학당하고 그 이후로는 계속 집에서 공부했다고 해요. 집안이 어려워서 12살부터 철도에서 신문팔이 등을 하면서도 열심히 발명을 했다고 합니다. 심지어 시간을 아끼기 위해 화물차 안에서 실험을 하다가 불을 내기도 했답니다. 에디슨은 그 화재사건으로 역장에게 귀를 맞은 후 청각장애로 잘 들을 수 없게 되었지만 더욱 열심히 실험에 몰두했다고 하네요.

축음기

축음기란 원반에 홈을 파서 소리를 녹음하고 바늘을 사용해서 이것을 소리로

그라머폰 듀로

재생시키는 장치입니다.

　처음에 축음기는 한 곡만 저장할 수 있었는데 점점 그 수가 늘어 오늘날에는 수없이 많은 곡을 녹음할 수 있게 되었어요. 축음기는 손으로 돌려주어야 했고 소리 조절도 안 되었지만 소리를 녹음한다는 사실 때문에 매우 비쌌다고 합니다. 그래서 보통 사람들은 음악을 듣고 싶으면 뮤직박스라는 기계에 돈을 넣어서 한 곡씩 들었다고 해요. 요즘에는 오디오로 원하는 음악을 맘껏 들을 수 있지요? 에디슨이 없었다면 이렇게 쉽게 음악을 듣지 못했을 거예요. 참소리축음기박물관에서 그때의 뮤직박스 소리를 들을 수 있답니다. 잘 들어보세요.

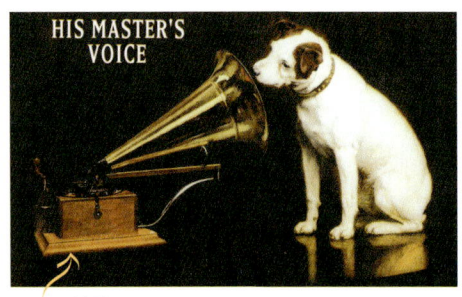
HIS MASTER'S VOICE

니퍼

니퍼이야기

　참소리축음기박물관에는 곳곳에 하얀 개 그림이 있습니다. 이 개 이름이 니퍼인데 현재 참소리축음기박물관의 상징이기도 하답니다. 이 니퍼라는 강아지는 자신의 주인이 죽자 거리를 헤매며 살게 됩니다. 그런데 평소에 주인이 즐겨 듣던 '무도회의 권유'라는 음악이 들리자 축음기 앞에 서서 주인을 기다렸다는 이야기입니다. 이 이야기는 실제로 있었던 이야기가 아니라 당시 드라마를 만들던 프랭크시맨에 의해 쓰인 이야기랍니다.

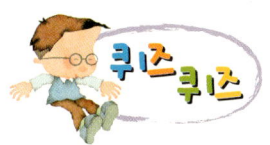 **다음을 풀어봅시다.**

달에서는 소리가 들리지 않는다고 합니다. 바로 이것이 없기 때문인데요. 우리가 살아가는 데 꼭 필요하기도 한 이것은 무엇일까요?

정답 : 공기

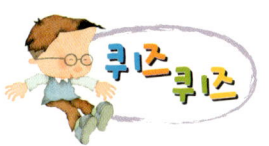 **옛날에는 어떤 방법으로 소리를 전했을까요?**

01 전쟁 시 군사를 지휘할 때는 (   )을 이용했습니다.

02 절에서는 (   )을 울려 사람들에게 시간을 알렸습니다.

03 엿을 파는 아저씨는 (   )를 이용해서 손님을 끌었습니다.

정답 : 북, 종, 가위

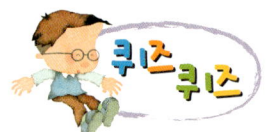

참소리축음기 · 에디슨과학박물관을 관람하고 O X 퀴즈를 풀어봅시다.

01 참소리축음기 · 에디슨과학박물관에는 최초의 텔레비전이 있습니다. 텔레비전을 최초로 발명한 사람은 에디슨입니다. (   )

02 에디슨은 미국에서 태어났습니다. (   )

03 에디슨은 영화를 만들 수 있는 촬영기와 영사기를 만들었습니다. (   )

04 죽은 주인이 즐겨 듣던 음악이 들리자 축음기 앞에서 주인을 기다렸다는 니퍼 강아지 이야기는 사실입니다. (   )

정답 : X, O, O, X

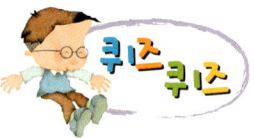

오늘날에는 어떤 방법으로 소리를 전할까요? 보기에서 찾아보세요.

01 멀리 있는 사람과도 편리하게 말을 주고받을 수 있습니다. 이것이 있기 때문이죠? 무엇일까요?

02 요즘에는 이것으로 멀리 있는 사람과 통화도 하고 문자메시지도 보낼 수 있습니다. 은행으로 입금도 할 수 있고 사진도 찍을 수 있는 이것은 무엇일까요?

03 사람이 많이 모인 곳에서 소리를 정확히 전하고 싶을 때 이것을 사용합니다. 무엇일까요?

정답 : 전화, 휴대폰, 확성기

룰루랄라 신나는 체험학습

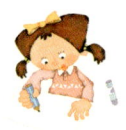

 소리는 어떻게 전해지는 것일까요? 다음 실험을 하면서 공기와 소리의 관계에 대해서 생각해 보세요.

01 촛불에 불을 켭니다.

02 소리가 나지 않는 스피커 앞에 두고 촛불이 흔들리는지 관찰해 봅시다.

03 스피커의 볼륨을 높이면 촛불이 얼마나 흔들리는지 관찰해 봅시다.

04 이 실험을 통해서 알 수 있는 점을 써봅시다.

재미있는 소리 이야기

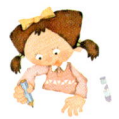

에디슨의 말! 말! 말!

- 난 천재가 아닙니다. 단지 노력하는 사람일 뿐이지요. 난 나 자신을 믿었고, 끊임없이 노력했습니다.
- 천재는 99트로의 땀과 1트로의 영감으로 구성됩니다.
- 전구를 발명하기 위해 나는 9,999번의 실험을 했으나 실패했습니다. 그러자 친구는 실패를 10,000번째 되풀이한 것이냐고 물었습니다. 그러나 나는 실패한 것이 아니고 다만 전구가 안 되는 9,999가지의 이치를 발견했을 뿐이었습니다.
- 내가 세상을 살아가는 신조는 일하는 것입니다. 특히 자연계의 신비를 구경하고 인류의 행복에 이바지하는 것입니다.

룰루랄라 신나는 체험학습

생각해 봅시다.

만약에 전기가 없다면 세상은 어떻게 될까요? 그리고 어떤 점이 불편할까요? 전기가 없어서 좋은 점은 없을까요?

재미있는 글쓰기

에디슨 아저씨께 편지를 써봅시다.

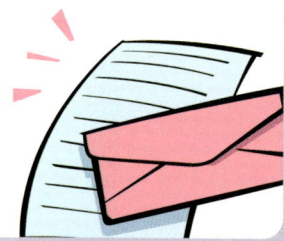

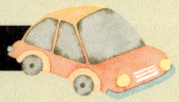

뛰뛰빵빵 박물관을 찾아서

| **교통안내** | 참소리축음기·에디슨과학박물관은 경포대로 가는 길목에 있어 경포대 이정표를 따라가면 되므로 찾아가기 쉽다. 영동고속도로 강릉 나들목을 나와 만나게 되는 삼거리에서 좌회전하여 시내 방향으로 달리다가 속초, 동해 이정표를 따라 우측으로 난 고가도로로 올라가서 강릉시청 앞으로 빠져, 다시 동해고속도로 밑을 지나자마자 좌회전하여 동해고속도로를 타고 속초 방향으로 달리면 이 길이 끝나는 곳에서 7번 국도와 만나게 된다. 이 사거리에서 직진하면 길 왼쪽으로 선교장을 조금 더 지나면 있다. 선교장과 경포대 중간쯤에 위치하고 있다.

대중교통　강릉 시내에서 선교장행이나 경포대 방면으로 가는 버스 202번을 타고 참소리축음기·에디슨과학박물관 앞에서 하차

| **관람시간** | 오전 9시~오후 6시(입장은 오후 5시까지) * 연중무휴

| **관 람 료** | 어른 : 7,000원　청소년 : 6,000원　어린이 : 5,000원

| **관람안내** | 주소 : 강원 강릉시 저동 36
전화 : (033) 655-1130~2
인터넷주소 : http://cafe.daum.net/charmsoriNedison

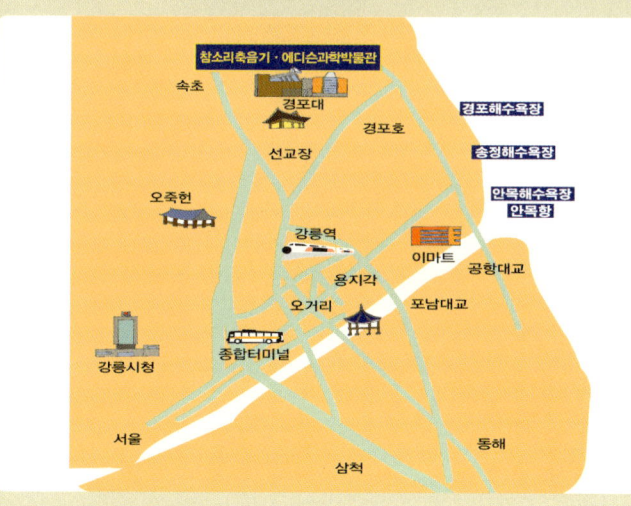

읽어두면 좋아요!

● 에디슨 (햇살과나무꾼 지음, 어린이 중앙)
● 발명이 궁금할 때 에디슨에게 물어봐 (김수경 지음, 아이세움)
● 유령박물관에서 열린 음악회 (조애너 콜 지음, 비룡소)

3학년

101

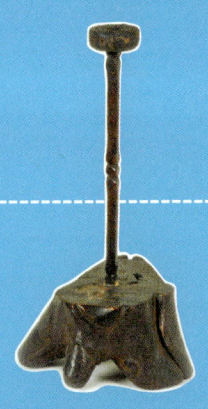

전기가 없어도 이렇게 환하게 등잔박물관

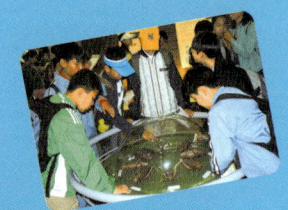

공룡부터 딱정벌레까지 동식물의 신비를 한눈에 목포자연사박물관

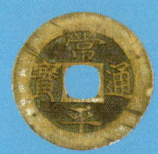

화폐 속에 숨어있는 비밀을 찾아서 대전화폐박물관

4 학년을 위한

박물관

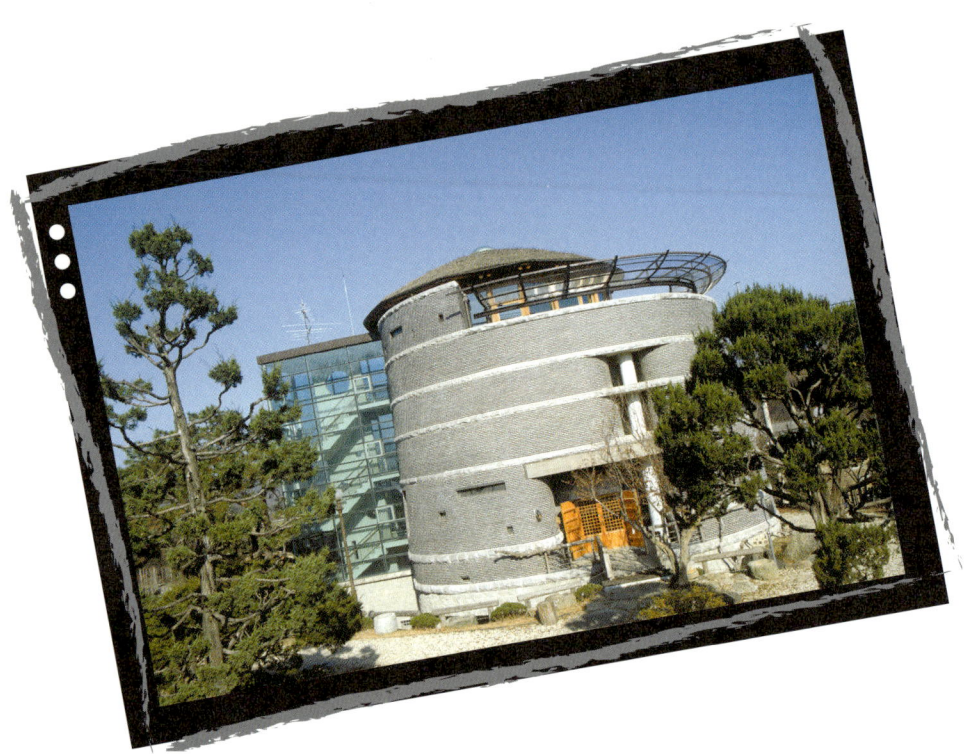

등잔 박물관

재미가 솔솔 성적이 쑥쑥

● 4학년 2학기 사회 : 전문박물관 알기

박물관 요모조모

생활 속의 등잔 (1층)

우리 조상들의 삶 속에서 등잔들이 어떻게 쓰였는지 알 수 있도록 그 시대의 여러 물건들과 함께 잘 전시해 놓은 곳입니다. 부엌, 찬방, 사랑방, 안방에서 우리 조상님들의 숨결을 느껴보세요.

역사 속의 등잔 (2층)

아주 오랜 옛날의 사람들은 어떤 등잔을 사용했을까요? 삼국시대, 고려시대, 조선시대의 등잔을 시대별로 잘 살펴보세요. 시간이 지날수록 우리나라의 등잔은 어떻게 변했을까요?

아름다움 속의 등잔 (2층)

다양한 재료와 모양으로 만들어진 등잔을 모아놓았습니다. 등잔의 아름다움 속으로 푹 빠져보세요.

이야기 보따리

양초이야기

옛날 한 시골 사람이 서울 구경을 갔다가 양초를 처음 보았습니다. 그는 양초가 신기해서 많이 사가지고 와서 집집마다 선물로 나누어 주었습니다. 그러나 동네 사람들은 양초가 무엇에 쓰는 물건인지 몰라 답답해하다가 마을 서당의 훈장을 찾아갔답니다. 훈장은 양초가 무엇인지도 모르면서 마치 잘 아는 것처럼 말했습니다. 양초가 생선을 잡아 말린 것이라고 하면서 국을 끓여 먹자고 했답니다. 마을 사람들은 아무래도 이상하다며 눈도 없는 생선이 어디 있냐고 했는데, 훈장은 원래 이 생선은 눈이 없어 더 귀한 생선이라고 말했습니다.

사람들은 훈장의 말을 믿고 당장 양초를 물에 넣어 끓여 먹어보자고 했습니다. 이들은 서울에서 가져온 귀한 생선인 줄 알고 양초를 토막 내서 끓이고 파까지 썰어 한 그릇씩 먹었습니다. 그러나 양초를 먹자 목이 매캐하고 이상한 냄새가 나서 뭔가 잘못되었다는 생각을 했습니다.

이때 양초를 선물로 주었던 사람이 와서 깜짝 놀라며 양초를 왜 먹느냐고 했습니다. 양초는 불을 켤 때 쓰는 것이라고 설명하자 다들 놀라며 뱃속에 불이 나겠다고 냇물로 뛰어들었답니다.

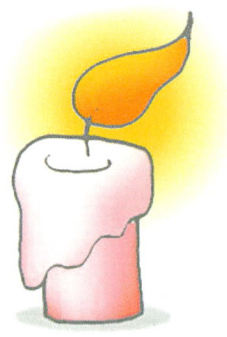

옛날 사람들은 어떻게 불을 켰을까요?

오늘날에는 전기를 이용하여 어두운 밤에도 많은 일들을 할 수 있습니다. 그렇지만 전기가 없었던 옛날에는 어떻게 불을 밝혔을까요? 전기가 없어도 우리 조상들은 불을 밝히는 다양한 기구를 이용하여 밤에도 여러 활동을 하였습니다. 여러 가지 등기에 대해서 알아봅시다.

등잔

기름을 이용하여 등불을 켜는 그릇을 등잔이라고 했습니다. 나무, 흙, 도자기, 유기, 철 등 다양한 재료로 만들어졌습니다. 한지나 솜, 노끈 등으로 심지를 만들고 기름을 먹여 불을 켰습니다. 불을 밝게 하려고 심지를 두 개 만든 것도 있는데 이것을 쌍심지라고 합니다.

초

보통 불을 밝힐 때는 등잔을 많이 사용하였고 제사나 혼례 등 특별한 날에만 초를 사용했다고 합니다. 초가 그만큼 귀했기 때문이죠. 보통의 서민들은 쇠기름이나 돼지기름으로 만든 초를 썼지만 질이 좋지 않았다고 합니다.

꿀 찌꺼기를 짜고 남은 것을 밀이라고 하는데 이것을 모아 만든 초를 밀초라고 합니다. 밀을 구하기가 어려워서 밀초는 사실 매우 귀한 초였고 사적으로 매매를 할 수 없었다고 합니다. 아주 특별한 관혼상제 시에만 관청에 신청해서 쓸 수 있었다고 하네요.

특히 화촉은 밀초에 예쁘게 색을 들인 것인데 그 빛깔과 무늬가 무척 아름답네요. 이 화촉은 신랑, 신부가 첫날밤을 보내는 방에 켜두었다고 하죠. 등잔박물관에서 화촉을 찾아보세요.

괘등

부엌이나 집 안에 걸어두었던 등을 괘등이라고 합니다. 괘등에는 여러 가지 모양의 장식이 있습니다. 이런 벽걸이 등잔은 벽에 걸어도 거추장스럽지 않게 짧게 만들었답니다.

좌등

보통 양반이나 사대부같이 지위가 높은 사람들이 썼던 등입니다. 방 안에 두어 은은한 빛이 나도록 설치해 두었던 등인데 바닥에 두어 바닥등이라고 했습니다.

제등

전기가 없던 시절에도 제등이라는 휴대용등이 있었습니다. 나무나 쇠로 짠 틀에 한지나 깁(거친 비단)을 붙이고 위에는 손잡이를 달았습니다. 안에 초를 넣으면 초롱, 등을 넣으면 등롱이라고 불렀습니다. 특히 파란색이나 붉은색 비단을 겉에 붙여 화려하게 꾸민 것을 청사초롱, 홍사초롱이라고 불렀습니다. 이런 청사, 홍사초롱은 신랑이 말을 타고 신부 집으로 떠날 때와 신부가 가마를 타고 시집올 때 길을 비추는 데 쓰였다고 합니다.

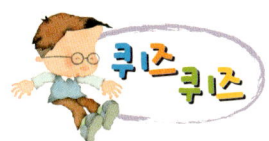 다음 김홍도의 그림에서 청사초롱을 찾아보세요.

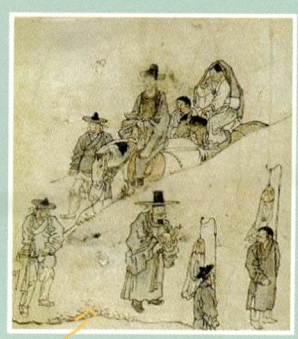

김홍도의 '신행'

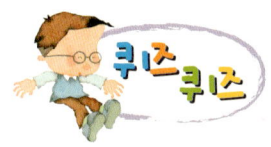 속담으로 풀어봐요.

01 (   )밑이 어둡다.
: 가까이 있는 것이나 가까이에서 일어나는 일을 도리어 잘 모를 수 있
  다는 말

02 눈에 (   )를 켜다.
: 몹시 싫어하거나 미워하여 눈에 불이 나는 것 같다는 뜻

정답 : 등잔, 쌍심지

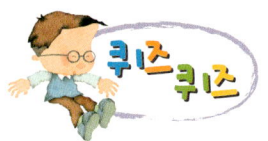

다음은 어떤 방일까요? '생활 속의 등잔'(1층) 전시실을 둘러보고 다음 각 방의 이름을 써보세요.

솥을 걸고 불을 때서 음식을 만들던 곳입니다. 이곳의 한쪽에는 먹는 물도 큰 오지독에 담아놓았고 반찬과 그릇을 올려놓는 선반도 있습니다.

(   )

간장, 된장이 담긴 찬 항아리와 굴비, 산나물, 무청 등을 보관하는 곳입니다. 찬합, 제기와 같이 집안의 큰 행사에 쓰이는 물건들을 보관해 두기도 합니다.

(   )

보통 바깥주인이 생활하는 곳입니다. 손님도 맞이하고 자식들 교육도 시키고 학문을 수양하는 장소입니다.

(   )

집안의 여자어른이 쓰던 방입니다. 보통 예쁜 장롱과 경대, 반짇고리로 꾸며져 있고 병풍을 둘러 장식했습니다. 집의 제일 안쪽에 배치되어 있으며 집안의 각종 귀중품과 열쇠 등을 보관하는 곳입니다.

(   )

정답 : 부엌, 찬방, 사랑방, 안방

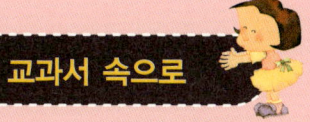

4학년 2학기 박물관 견학과 문화재 답사

박물관의 역할

❶ 박물관은 가치 있는 문화재를 수집하여 우리 문화재를 보호하는 역할을 합니다.

❷ 문화재를 잘 연구하여 그 가치를 밝힙니다.

❸ 박물관은 문화재가 오래도록 잘 보존될 수 있게 합니다.

❹ 문화재를 잘 분류, 전시하여 일반인들이 문화재에 대해 배울 수 있는 기회를 줍니다.

❺ 우리 문화재에 대해 더 잘 알 수 있도록 책이나 비디오를 만듭니다.

4학년

박물관의 종류

두 개 이상의 분야에 대해 전시해 놓은 곳을 종합박물관이라고 합니다. 종합박물관에는 국립중앙박물관, 국립민속박물관 등이 있습니다. 반면 한 가지 분야의 문화재를 전시해 놓은 곳을 전문박물관이라고 합니다. 등잔박물관은 종합박물관과 전문박물관 중 어디에 속할까요? (   )

정답 : 전문박물관

111

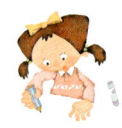

룰루랄라 신나는 체험학습

 등잔박물관에 있는
여러 등잔들을 자세히 살펴봅시다.

- 재미있는 모양의 등잔들

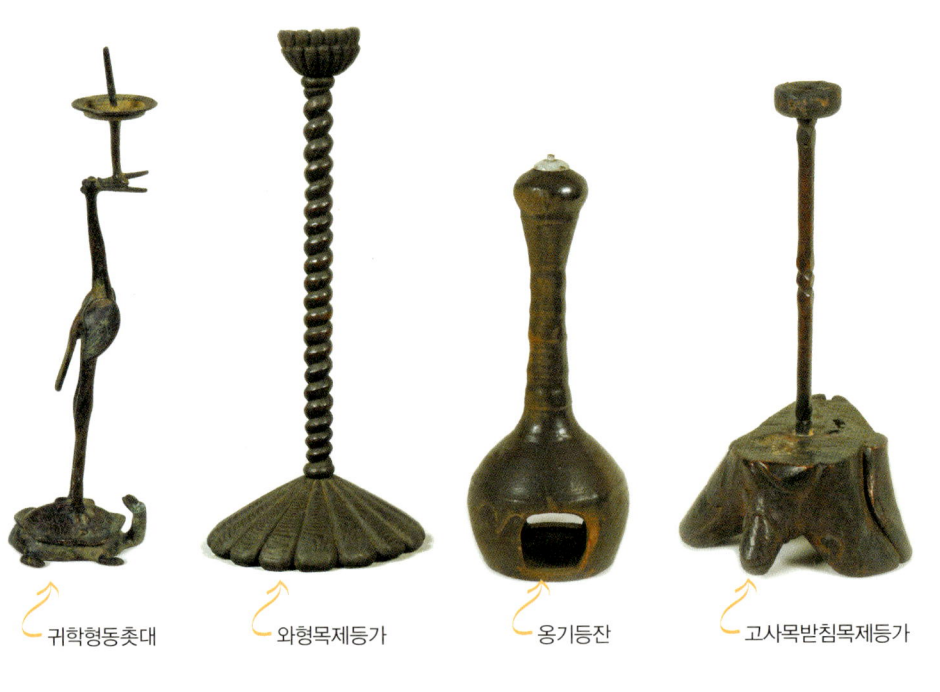

귀학형동촛대　　와형목제등가　　옹기등잔　　고사목받침목제등가

옹기등잔 / 조선후기

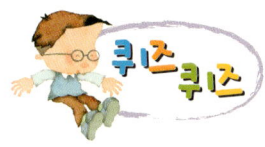
이 등잔의 특이한 점은 무엇인가요?

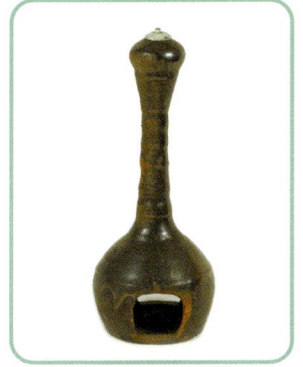

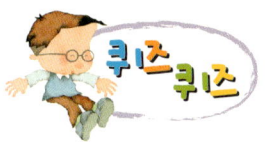
아랫부분의 구멍은 어떤 용도로 쓰였을까요?

( )

정답 : 재떨이

113

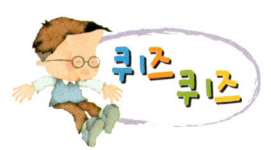

고사목받침목제등가 / 조선후기

죽은 나무의 밑동을 그대로 살려 등잔의 받침대를 만든 등잔입니다.
자연스러움을 그대로 살린 멋을 느낄 수 있습니다.

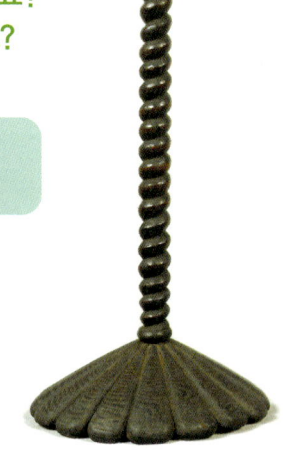

와형목제등가 / 조선후기

퀴즈퀴즈 이 등잔은 어떤 꽃 모양으로 만들었나요?
등잔받침은 무엇을 본떠 만들었을까요?

(,   )

정답 : 연꽃, 연잎

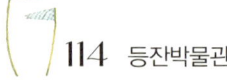

귀학형동촛대 / 조선시대

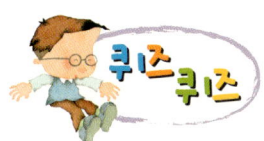

이 촛대에는 어떤 동물이 나오나요?
이런 동물을 촛대에 쓴 이유는 무엇일까요?

(,   )

정답 : 학, 거북이

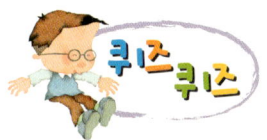

재미있게 상상해서 말해보세요.

거북이가 학에게 뭐라고 말하고 있을까요?
거북이 말에 학은 또 어떻게 대꾸했을까요?

거북이 :

학 :

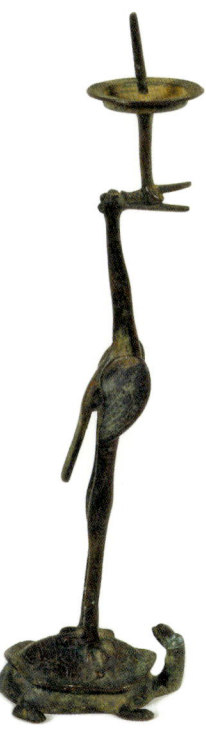

115

등잔의 여러 재료들

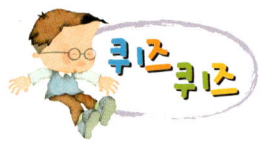

다음은 등잔박물관에 전시된 여러 등잔입니다.
등잔의 재료로 어떤 것들이 쓰였는지 찾아 써봅시다.

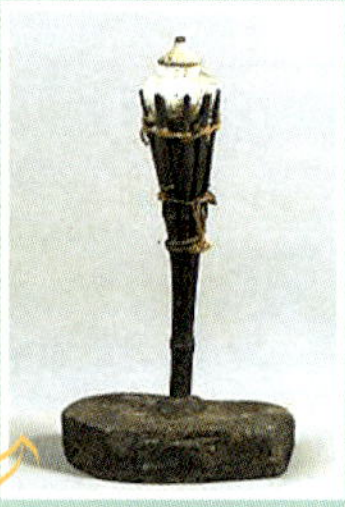

대가지기둥 목제등가 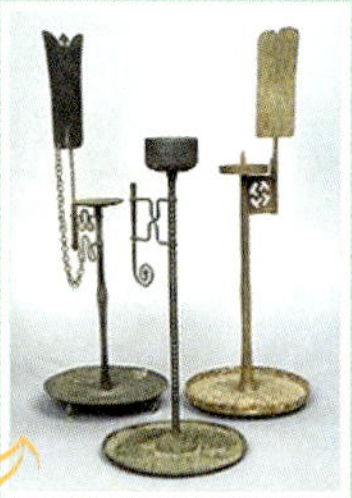   철제등잔, 조선중기 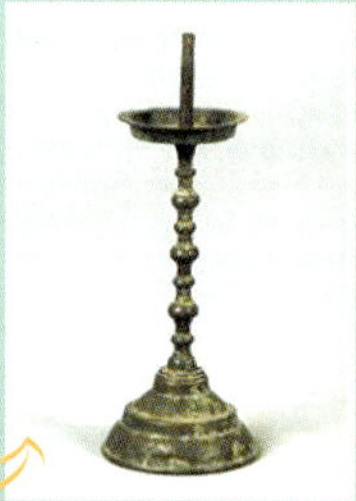   청동촛대, 고려시대 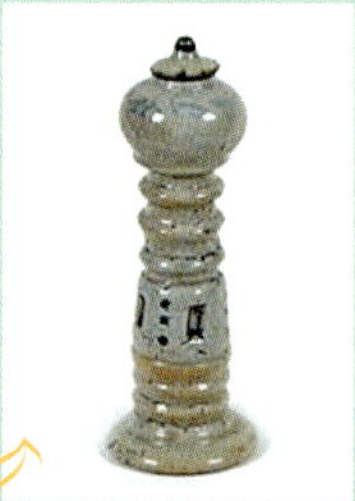   백자서등, 조선후기

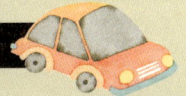
| **교통안내** | 서울 판교 IC - 분당동 - 태재고개 - 오토터널 통과 후 150m 지점에서 능평 2리(이정표 우측)로 빠져서 직진, 능골삼거리에서 우회전하여 300m 지점에서 좌회전(판교 IC에서 20분 거리) |

대중교통   - 양재발(500-3, 1500, 1500-2번) : 양재 ↔ 분당 ↔ 능골삼거리 ↔ 에버랜드
- 잠실발(17-1, 119번) : 잠실 ↔ 성남 ↔ 분당 ↔ 능골삼거리 ↔ 광주
- 모현면 능원리 능골삼거리에서 하차, 수원 쪽으로 300m. 포은 정몽주 선생 묘소 입구에서 다리 건너 600m(능골삼거리에서 렌트카 이용 가능 - 요금 2,000원)

| **관람시간** | 10월~3월 : 오전 10시~오후 5시(그 외에는 오후 6시까지 개관)
* 휴관일 : 월, 화, 수요일 |

| **관 람 료** | 어른 : 4,000원   중고생 및 대학생 : 2,500원
노인, 어린이 : 2,000원 |

| **관람안내** | 주소 : 경기도 용인시 모현면 능원리 258-9
전화 : (031) 334-0797 |

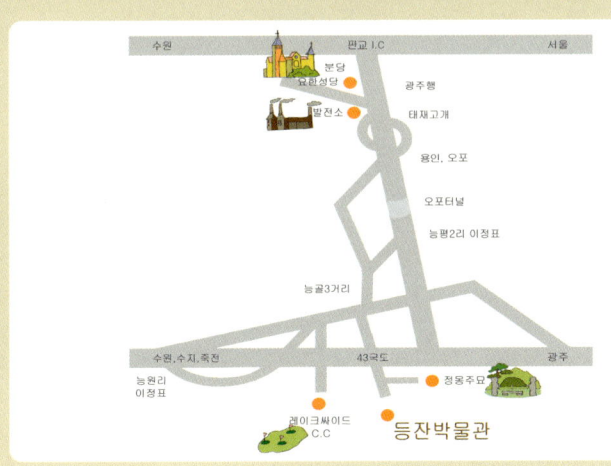

117

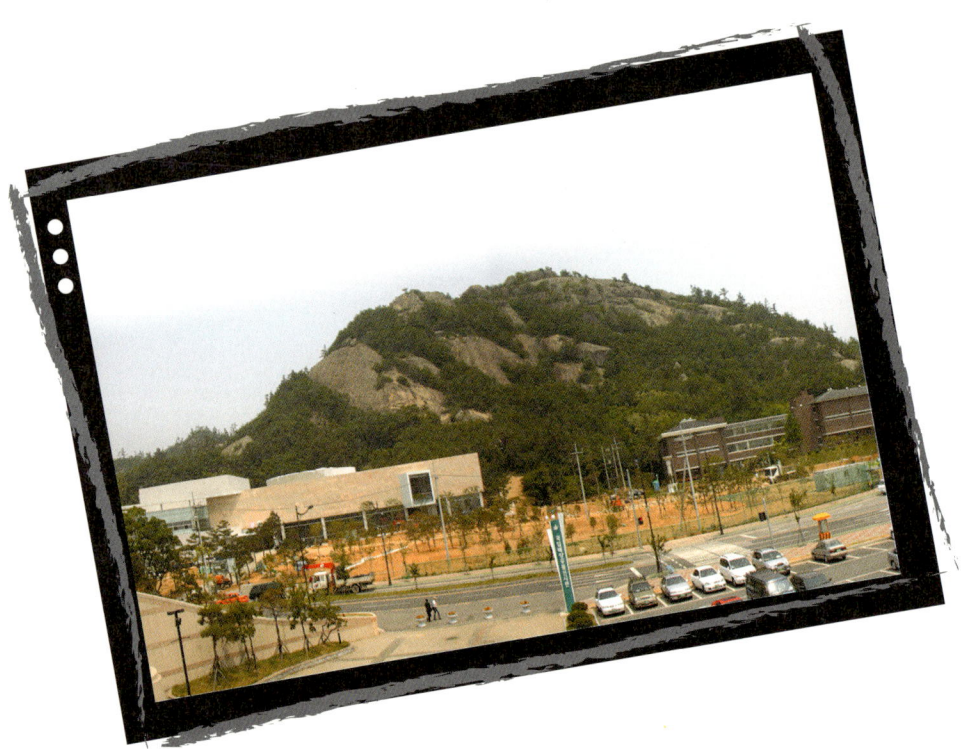

목포자연사박물관

재미가 솔솔 성적이 쑥쑥

- 4학년 2학기 과학 : 화석이 만들어지는 과정, 화석의 이용, 공룡발자국 화석 관찰하기, 화석 모형 만들기, 여러 가지 화석 관찰하기, 동물이 사는 곳과 생활방식 알아보기
- 6학년 1학기 과학 : 여러 가지 암석

박물관 요모조모

4학년

중앙홀

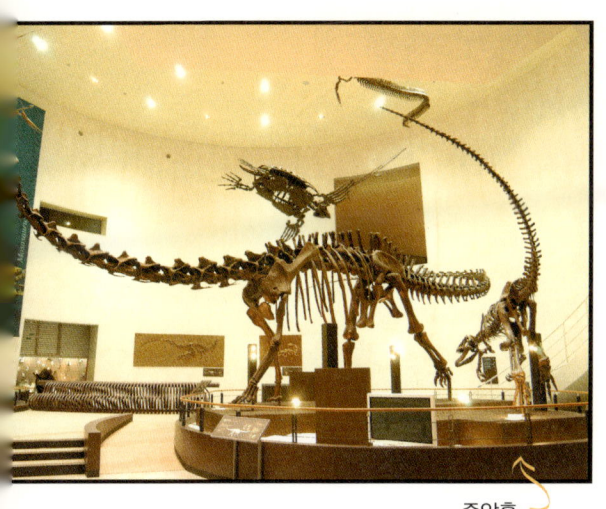
중앙홀

중앙홀은 어린이 여러분들이 너무나 좋아하는 공룡들을 볼 수 있는 곳입니다. 공룡의 기원을 알 수 있는 코엘로피시스와 헤레라사우루스, 모성애가 강하기로 유명한 오비랩터, 대형 바다거북이 아르케론과 모사사우루스 등 책으로만 보았던 공룡을 실제 크기의 모습으로 만날 수 있습니다.

지질관

신생대의 포유류였던 매머드의 화석 등 각종 화석, 암석, 광물 등이 전시되어 있습니다. 우주에서 낙하한 운석과 공룡·익룡의 화석도 볼 수 있는 곳입니다.

육상생명관 1

어린이 여러분들이 너무나 좋아하는 동물들이 종류별로 전시되어 있는 곳입니다. 양서류와 파충류는 무엇일까요? 인간은 어떻게 진화되었을까요? 우리나라에는 계절에 따라 어떤 철새들이 올까요? 실제 모습을 그대로 복제한 동물들을 보면서 여러 가지 궁금증을 해결해 보세요.

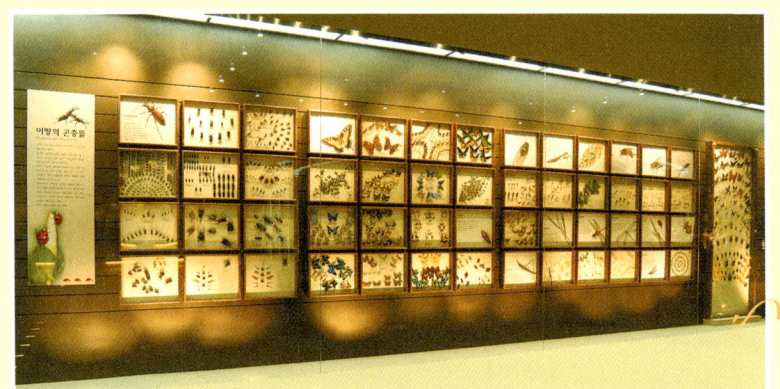

육상생명관 2

육상생명관 2

육상생명관은 다양한 곤충과 식물들에 대해 공부할 수 있는 곳이랍니다. 딱정벌레, 제비나비, 비단벌레, 장수풍뎅이 등 여러 가지 곤충뿐만 아니라 알에서 애벌레, 번데기를 거쳐 성충이 되는 과정도 살펴볼 수 있습니다. 꿀벌의 춤추는 모양, 나뭇잎벌레같이 다른 식물의 모습을 그대로 닮은 신기한 곤충 등도 전시되어 있어 재미를 더해 줍니다.

육상생명관 2

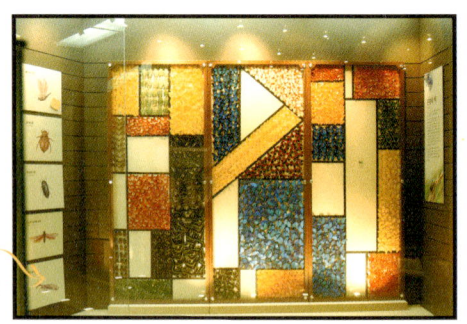

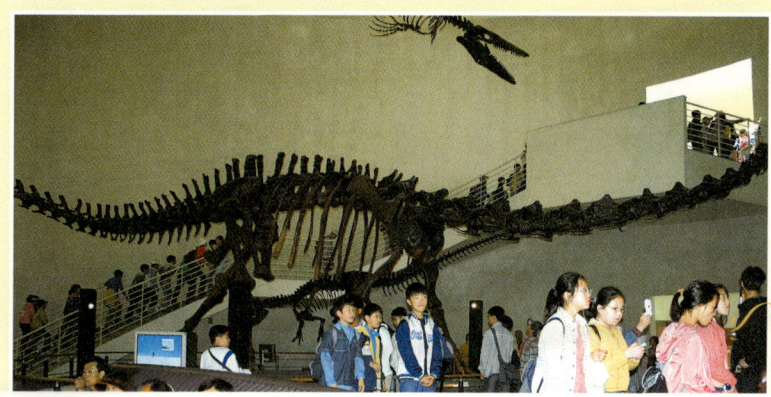

공룡 모형

수중생명관

수중생명관은 고래, 상어에서부터 갖가지 작은 바다생물이 전시되어 있는 곳입니다. 밍크고래와 뱀머리돌고래의 골격과 신생대 시대에 살았던 무시무시한 상어 메갈로돈의 이빨도 볼 수 있습니다.

공룡

쥐라기 공원이라는 영화를 보면 무시무시한 공룡들이 많이 나오죠? 목포자연사박물관에서는 여러 가지 공룡들을 만날 수 있습니다. 공룡이란 무시무시한 도마뱀이라는 뜻으로 150년 전에 이름 붙여졌다고 합니다. 공룡은 오랜 세월 동안 번성했다가 갑자기 사라져 버려서 아직도 많은 과학자들이 그 원인을 찾고 있죠. 공룡은 어떤 동물이고 왜 멸종했을까요? 목포자연사박물관의 공룡 모형을 보면서 생각해 봅시다.

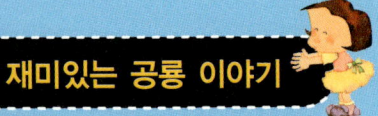

목포자연사박물관에서 볼 수 있는 여러 가지 공룡들

코엘로피시스 바우리

코엘로피시스 바우리는 트라이아스 후기의 공룡으로 목포자연사박물관의 중앙홀에 전시되어 있습니다. 이 공룡은 길고 유연한 꼬리와 황새같이 생긴 머리를 가지고 있습니다. 그런데 이 공룡의 뱃속에서 새끼 공룡의 뼈가 발견되었다고 하네요. 이것은 무엇을 뜻할까요? 이 코엘로피시스 바우리는 같은 종족도 잡아먹었던 것이지요. 무서운 식성을 가진 이 공룡은 미국의 뉴멕시코에서 발견되었고, 원본은 미국 뉴욕자연사박물관에 보관되어 있다고 합니다.

디플로도쿠스 카네기아이

쥐라기 공원이라는 영화를 본 적이 있나요? 무서운 공룡이 나오는 모험영화지요. 그렇다면 쥐라기란 무슨 뜻일까요? 쥐라기란 약 2억 800만 년 전부터 약 1억 4500만 년 전까지의 지질시대를 말합니다. 이 시대는 기후가 좋아 산림이 잘 발달하였고 새롭고 신기한 공룡들이 나타나기 시작했다고 합니다. 지상에서 걸어 다녔던 공룡이 등장했던 것이죠.

디플로도쿠스 카네기아이는 바로 그런 공룡으로 지상에서 걸어 다닐 수 있었고 몸집도 무척 컸습니다. 디플로도쿠스 카네기아이의 뼈를 보면서 그 커다란 몸집을 유지하며 살 수 있었던 이유를 잘 생각해 봅시다.

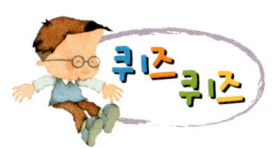 **공룡의 이빨에 대해 조사해 봅시다.**

공룡의 이빨은 그 공룡이 무엇을 먹고 살았는지 추측할 수 있는 단서가 된다고 합니다. 육식공룡과 초식공룡의 이빨은 어떤 점이 다른가요? 그 차이점을 찾아봅시다.

01 초식공룡의 이빨의 특징은?

02 박물관에는 어떤 초식공룡이 있나요?

03 육식공룡의 이빨의 특징은?

04 박물관에는 어떤 육식공룡이 있나요?

이야기 보따리

우리나라에도 공룡이 살았을까요?

우리나라는 1973년 경상남도 하동군 금남면 해안 지역에서 처음으로 공룡의 발자국 화석이 발견되었습니다. 그 후 여러 곳에서 공룡 발자국을 비롯해 수많은 화석이 발견되고 있습니다. 특히 우리나라는 공룡 발자국 화석이 세계에서 세 번째로 많이 발견되어, 중생대 백악기에 우리나라에 수많은 공룡들이 살았음을 증명하고 있습니다.

공룡은 누구에 의해 처음 발견되었나요?

공룡이 처음 발견된 것은, 1822년 영국인 의사 맨텔의 부인이 남편과 함께 왕진 가는 길에 처음 이구아노돈의 이빨 화석을 발견하였습니다. 이 화석을 통해 공룡의 존재가 세상에 알려지게 되었고, 본격적으로 공룡에 관한 연구가 시작되었다고 합니다.

공룡은 하늘이나 물에서도 살았나요?

흔히 하늘을 배경으로 멋있게 날아 다녔던 프테로사우루스(익룡)나 바다에서 살았던 플레시오사우루스(어룡)를 공룡이라고 생각하지만 사실은 공룡이 아니라고 합니다. 이런 것들은 오늘날의 뱀이나 도마뱀, 악어, 거북 같은 파충류의 한 종류입니다.

초식공룡은 돌멩이를 먹었나요?

공룡은 먹이에 따라 육식공룡과 초식공룡으로 나누어집니다. 육식공룡은 몸집이 작은 동물뿐만 아니라 자기보다 작은 종족까지 먹었다고 합니다. 그래서 육식공룡들은 먹이를 잡아먹기 위해 날카로운 이빨과 튼튼한 턱을 가지고 있답니다.

반면 초식공룡들은 풀이나 나뭇잎같이 부드러운 식물을 먹었습니다. 그런데 재미있는 점은 초식공룡이 식물을 먹을 때 돌을 같이 삼켰다는 것입니다. 왜 돌을 먹었냐고요? 초식공룡이 음식을 잘 씹지 못해서랍니다. 이빨이 음식을 잘 씹지 못하자 뱃속에 돌을 넣어 음식과 부딪치게 해서 잘게 부수었다고 하네요.

공룡은 왜 사라졌나요?

공룡이 사라진 이유에 대해 아직 정확하게 밝혀지지는 않았어요. 현재 가장 많은 사람들이 믿고 있는 가설은 다음과 같습니다.

지금으로부터 약 6500만 년 전, 지름이 약 10km에 이르는 운석이 지구와 충돌하였습니다. 그 충격으로 지구는 먼지에 뒤덮이게 됩니다. 이 대기 중의 가득 찬 먼지가 태양빛을 막아 지구의 기온이 갑자기 떨어집니다. 공룡의 먹이가 되었던 식물들은 태양빛을 받지 못해 죽게 됩니다. 먹이를 잃은 공룡도 결국 멸종하게 됩니다.

만약 공룡이 멸종하지 않았다면 어떤 일이 벌어질까요? 동물원에 가면 공룡을 볼 수 있을까요? 무서운 육식공룡들이 우리들을 잡아먹으려 하지 않을까요? 만약에 공룡이 아직도 있다면 어떨지 부모님과 함께 이야기해 보세요.

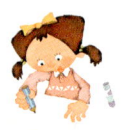

룰루랄라 신나는 체험학습

 ## 내가 만든 공룡

목포자연사박물관에서 공룡을 관찰한 것이 재미있었나요? 가장 맘에 드는 공룡을 정해 밑그림을 그린 후 찰흙과 지점토를 이용해서 만들어 봅시다. 다 만들면 예쁘게 사진을 찍어 이곳에 붙여보세요.

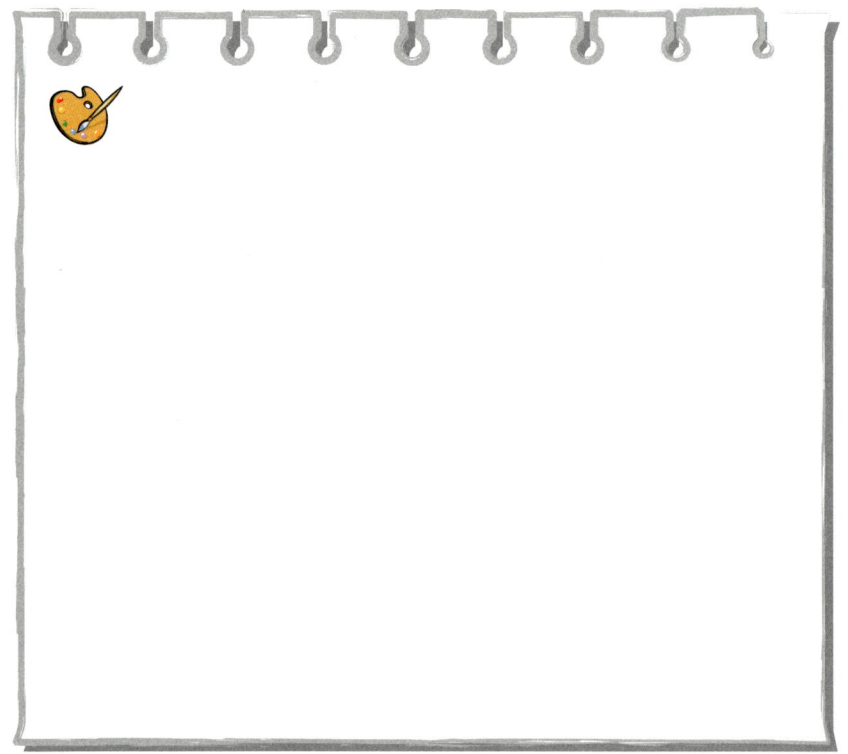

화석

화석이란 옛날에 살았던 생물이 죽어서 그대로 지층 속에 들어있거나 그 흔적이 남아있는 것을 말합니다. 목포자연사박물관에는 화석이 많이 전시되어 있습니다. 다음 화석탐험지에 화석을 관찰하여 적어봅시다.

화석을 자세히 관찰해요.

화석 이름			
화석의 그림이나 사진을 붙이세요.			
모양			
색깔			
궁금한 점이나 느낀 점			

룰루랄라 신나는 체험학습

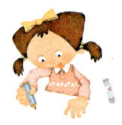

화석 모형을 만들어 봅시다.

목포자연사박물관에서 여러 가지 화석을 관찰해 보았지요?
화석 모형을 만들어 봅시다.

화석 모형 준비물 : 신문지, 찰흙이나 고무찰흙, 여러 가지 물체(멸치, 나뭇잎, 조개껍질 등)

1_ 바닥에 신문지를 깐다.
2_ 찰흙반대기 4개를 만든 다음 그 위에 식용유를 바르거나 비누칠을 한다.
3_ 한쪽 반대기에 물체를 올려놓는다.
4_ 그 위에 다른 쪽 반대기를 올려놓는다.
5_ 올려놓은 반대기 위를 살짝 누른 다음 반대기와 물체를 떼어낸다.
6_ 만든 화석 모형을 관찰한다.
7_ 실제 화석과 어떤 점이 다른지 찾아본다.
8_ 만든 화석 모형을 일정한 공간에 전시한다.

화석연료 – 석유와 석탄

석유와 석탄도 화석과 밀접한 관계가 있어요. 석유와 석탄을 흔히 화석연료라고 한답니다. 석탄은 먼 옛날에 울창한 숲을 이루었던 식물이 땅속에 묻힌 후 그 위에 두꺼운 지층이 쌓여서 된 것입니다. 석유는 지층 속에 물고기와 같은 생물이 묻혀서 된 거라고 합니다. 다음은 석유가 만들어지는 과정입니다.

❶ 작은 동물이 강바닥이나 바다 속에 가라앉습니다.
❷ 그 위로 퇴적물이 계속 쌓여서 파묻히게 되죠.
❸ 지층이 계속 쌓인 후 높은 압력과 열을 받게 됩니다.
❹ 드디어 석유가 탄생하게 됩니다.

양서류, 파충류, 포유류

목포자연사박물관을 구경하다 보면 양서류, 파충류, 포유류와 같은 말들을 볼 수 있습니다. 이 말들은 무슨 뜻일까요?

양서류는 개구리와 같이 어릴 때는 물에서 살다가 성장하면 육상에서 사는 동물을 말합니다. 양서류는 물에 살 때는 아가미로 호흡하다가 육상으로 나오면 사람과 같이 허파로 호흡을 한다고 합니다.

파충류는 완전히 육상생활에 적응한 동물로 허파호흡을 하고 몸이 비늘로 싸여 있습니다. 거북이와 뱀, 악어와 같은 동물이 파충류에 해당합니다.

그럼 우리는 어디에 속할까요? 인간은 바로 포유류에 속합니다. 포유류란 새끼를 낳아 젖을 먹으며 2심방 2심실의 완전한 심장을 지닌 동물을 말합니다.

곤충의 성장

곤충은 알에서 태어나 애벌레, 번데기가 되었다가 어른벌레가 됩니다. 이 어른 벌레를 성충이라고 부릅니다. 곤충은 성장하는 과정에 따라 여러 가지로 나눌 수 있습니다.

먼저 딱정벌레같이 알, 애벌레, 번데기, 성충의 네 단계를 확실히 거치는 곤충 들이 있습니다. 이렇게 모든 단계를 확실히 거치는 것을 완전변태라고 합니다.

잠자리, 메뚜기와 같이 알에서 부화한 애벌레가 번데기 과정을 거치지 않고 바 로 성충이 되는 것을 불완전변태라고 합니다. 이들은 애벌레가 성충의 모습과 거 의 같습니다.

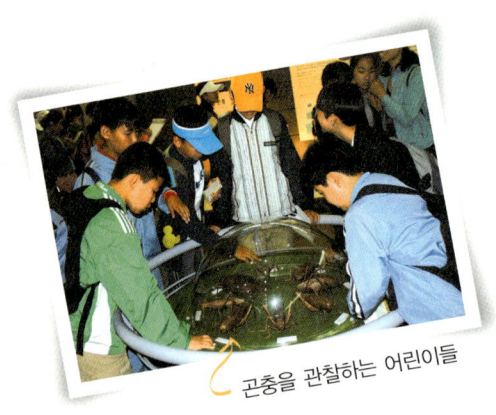

곤충을 관찰하는 어린이들

룰루랄라 신나는 체험학습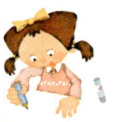

 ### 실제로 해봅시다.

목포자연사박물관에서 완전변태하는 곤충을 찾아봅시다.

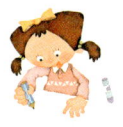

룰루랄라 신나는 체험학습

 실제로 해봅시다.

목포자연사박물관에서 불완전변태를 하는 곤충을 찾아봅시다.

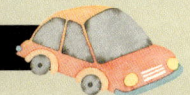

| 교통안내 | 서울 방면 → 서해안고속도로 → 목포 IC → 영산호 방면 → 갓바위 근린공원 → 목포자연사박물관
부산 방면 → 남해고속도로 → 동순천 IC → 벌교 → 보성 → 장흥 → 강진 → 갓바위 근린공원 → 목포자연사박물관 |

대중교통 | 목포 시외버스터미널 앞에서 6, 14번 시내버스 승차 → 용해동 금호 아파트 앞에서 7번 버스로 갈아탐 → 목포자연사박물관에 하차
택시 이용 시 15분 소요(요금 3,500원 정도)

| 관람시간 | 화요일~금요일 : 오전 9시~오후 6시
토, 일, 공휴일 : 오전 9시~오후 7시
(11월~2월 : 오전 9시~오후 6시)
* 휴관일 : 1월 1일, 매주 월요일(단, 1월, 4월, 8월, 10월은 월요일에도 정상개관) |

| 관 람 료 | 어른 : 3,000원   청소년 : 2,000원
초등학생 : 1,000원   유치원생 : 500원 |

| 관람안내 | 주소 : 전라남도 목포시 용해동 9-28
전화 : (061) 274-3655 |

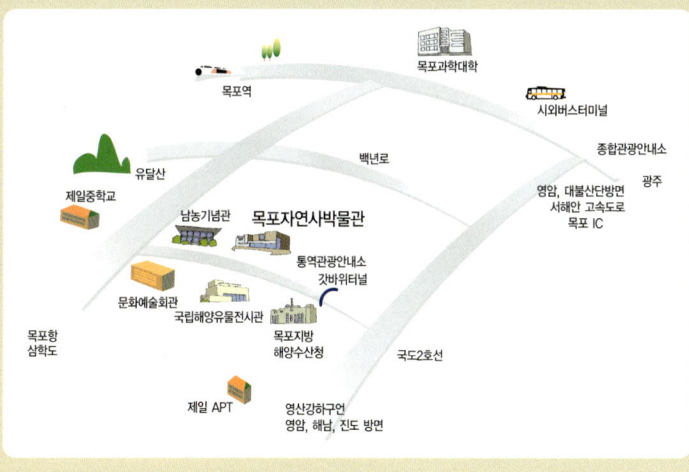

읽어두면 좋아요!
● 공룡을 사랑한 할아버지 (바버라 컬리 지음, 문학동네어린이)
● 공룡들의 지구 대탈출 (하네다 세츠코 지음, 진선)
● 꿀벌이 되다 (조애너 콜 지음, 비룡소)
● 꼬마 공룡 모여라 (버나드 모스트 지음, 비룡소)

133

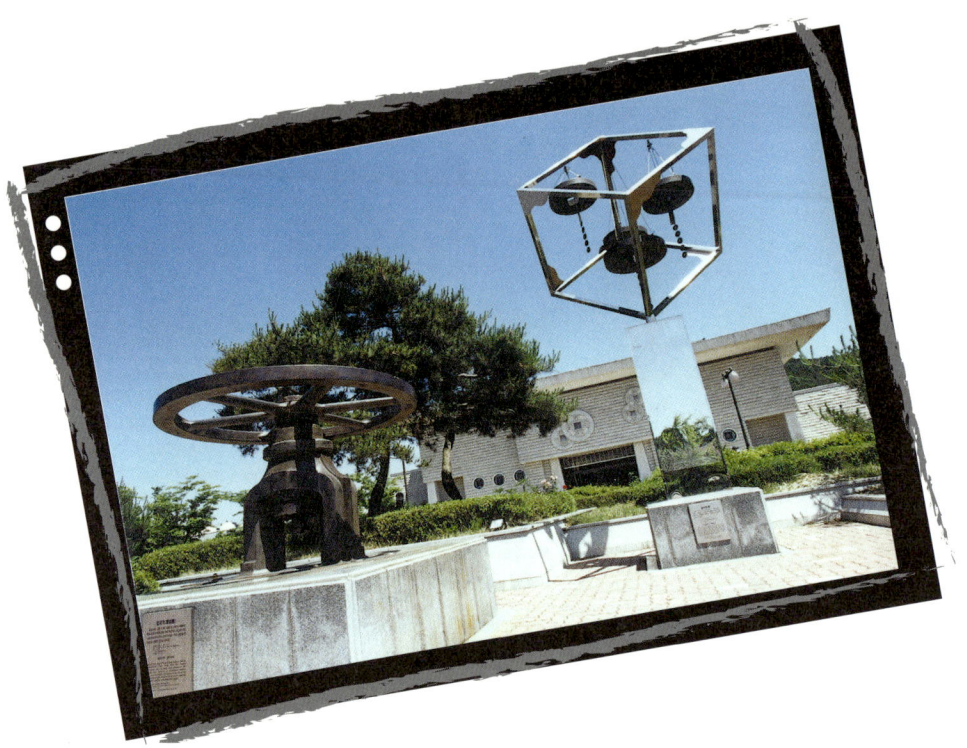

대전화폐 박물관

재미가 솔솔 성적이 쑥쑥

● 4학년 1학기 사회 : 물물교환과 화폐의 필요성에 대해 알아보기

박물관 요모조모

제1전시실 : 주화역사관

화폐의 기원에서부터 고대에 쓰였던 화폐, 현존하는 최초의 화폐로 알려진 건원중보와 조선시대의 상평통보 등 화폐의 역사에 관한 자료들을 전시한 곳입니다. 조선시대 엽전 만드는 방법과, 각종 월드컵, 올림픽 기념주화를 구경할 수 있습니다.

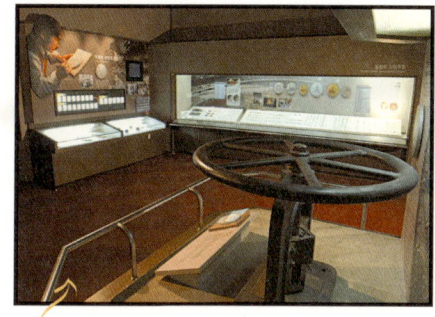
제1전시실

제2전시실 : 지폐역사관

지폐는 지금으로부터 약 1,000여 년 전인 997년에 중국 상인들 사이에서 최초로 사용되었다고 합니다. 이곳 지폐역사관에서는 동서양의 지폐 역사뿐만 아니라 일제시대와 해방 전후에 쓰인 지폐부터 지금 우리들이 사용하는 지폐의 모습까지 자세히 볼 수 있습니다. 또 세계 여러 나라의 지폐는 물론이고 북한의 지폐까지 두루 전시되어 있어 지폐를 통해 세계의 다양한 문화를 살펴볼 수 있는 곳이기도 합니다.

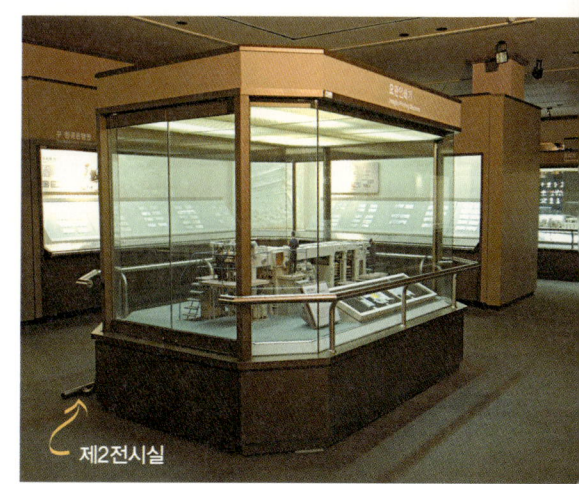
제2전시실

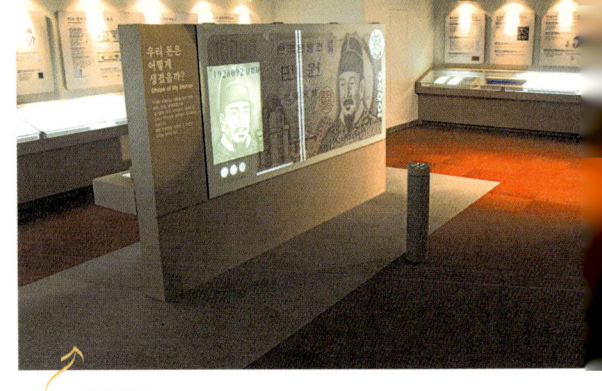

제3전시실 : 위조방지홍보관

지폐를 만드면서, 몰래 가짜 돈을 만들어 유통시키는 일이 일어났습니다. 그런 일들을 방지하기 위해서 지폐에는 여러 가지 장치가 되어있습니다. 우리가 몰랐

제3전시실

던 지폐의 비밀을 '우리 돈은 어떻게 생겼을까?' 에서 알 수 있습니다. 또 실제 내 돈을 꺼내 위조지폐인지 아닌지 알아볼 수 있는 '내 돈은 진짜일까?' 코너는 관람객 모두에게 인기가 있습니다. 내 돈이 진짜인지 한번 살펴볼까요?

제4전시실 : 특수제품관

한국조폐공사에서 만드는 주민등록증, 여권, 수표, 우표, 메달, 훈장 등을 볼 수 있는 곳입니다. 크리스마스 때마다 나오는 예쁜 씰은 누가 맨 처음 만들어 사용했을까요? 또 크리스마스 씰은 왜 만들었을까요? 유로화는 무엇이고 언제부터 사용했을까요? 이런 궁금증을 하나하나 풀어가며 본다면 더욱 재미있게 관람할 수 있습니다.

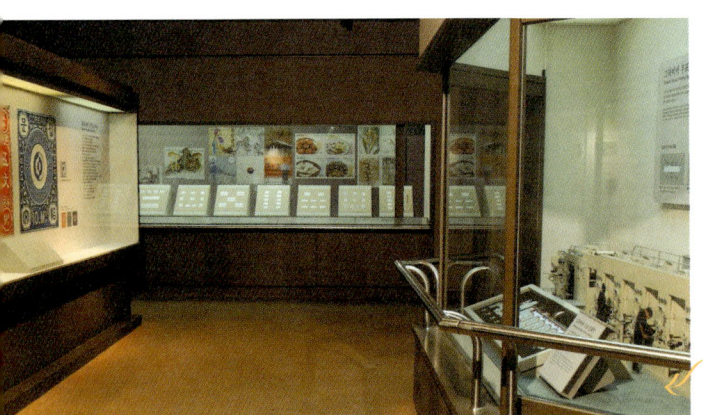

제4전시실

이야기 보따리

지폐가 태어나기까지

자신이 쓸 물건은 자기가 직접 만들거나 구해서 쓰는 것을 자급자족이라고 합니다. 아주 옛날 사람들은 직접 농사를 지어서 밥을 해 먹고 집도 짓고 옷도 만들어 입었습니다. 그러다가 점점 다른 사람의 물건과 내 물건을 바꾸어 쓰게 됩니다. 예를 들어 우리 집에는 쌀이 많고 생선은 없습니다. 그런데 옆집에는 생선은 많고 쌀이 없습니다. 그러면 우리 집 쌀과 옆집의 생선을 바꾸어 먹습니다. 이런 활동을 물물교환이라고 합니다.

그러나 이런 물물교환에는 여러 가지 문제점이 있었습니다. 우리 집의 쌀을 옆집의 얼마만큼의 생선과 바꾸어야 할지 결정하기가 쉽지 않았던 거예요. 생선 한 마리에 쌀을 한 공기 주어야 할지 두 공기 주어야 할지 말입니다.

그래서 사람들은 조개껍데기, 쌀, 가죽, 집에서 키우던 동물 등으로 물건 값을 정해 사용하기로 약속하였지요. 이렇게 돈을 대신해서 사용했던 물건을 물품화폐라고 불렀습니다. 그러나 이런 물품화폐는 깨어지거나 썩는 등 물건이 상해서 오래 두고 쓰기에 불편하였답니다.

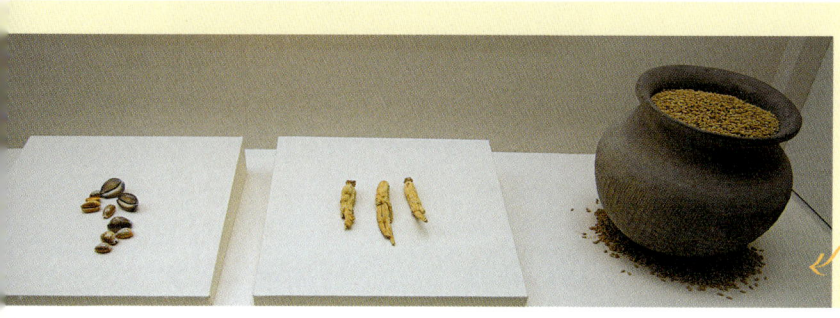

물품화폐

썩지도 않고 상하지도 않는 돈을 만들려면 어떻게 해야 할까 고민하던 사람들은 결국 쇠나 구리, 금과 은 같은 금속으로 돈을 만들었습니다. 이런 금속화폐는 오래 쓸 수 있었지만 사용하기 불편했죠. 바로 돈이 많으면 너무 무거워서 가지고 다니기가 불편했던 것입니다.

결국 사람들은 가지고 다니기에 편리한 돈을 생각하다가 종이를 사용하여 돈을 만들었습니다. 오늘날 지폐는 가벼워서 가지고 다니기에 매우 편리하지요. 요즘에는 직접 돈을 가지고 다니지 않아도 신용으로 물건 값을 결제할 수 있는 신용카드도 많이 쓰이고 있습니다.

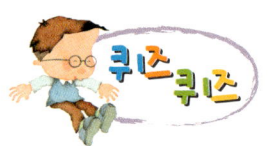

옛날에 쓰였던 물품화폐들
제1전시실 '화폐의 기원'에서 옛날에 돈 대신 쓰였던 물품화폐를 찾아봅시다. 돈 대신 무엇을 썼나요?

(,   ,   ,   )

엽전이란?

엽전이란 이름은 엽전을 만드는 과정에서 유래되었습니다. 엽전을 만들 때 금속활자와 같이 나뭇가지 모양의 가지쇠를 이용해서 대량으로 만들었어요. 엽

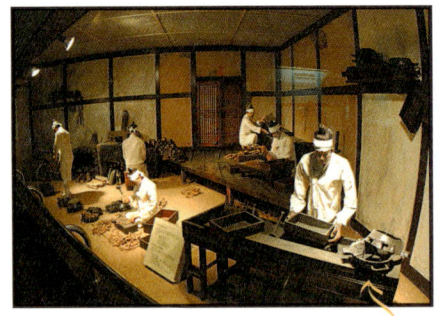
엽전주조광경

전을 많이 만들기 위해서 엽전을 만드는 틀이 서로 연결되어 있었는데 그 모습이 나뭇가지에 달린 잎사귀 같다 하여 엽전(葉錢)이라고 불리게 되었답니다.

건원중보와 상평통보

| 건원중보(乾元重寶) | 고려시대에 사용된 우리나라 최초의 화폐로 박물관 입구에서 볼 수 있습니다.

| 상평통보(常平通寶) | 우리나라에서 200여 년이라는 오랜 기간 동안 널리 사용되었던 조선시대 대표적인 화폐입니다. 상평통보란 '떳떳이 평등하게 널리 통용되는 보배'

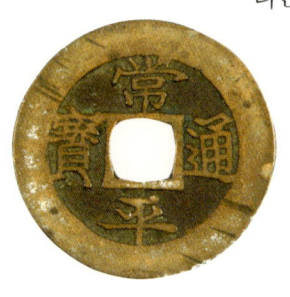

라는 뜻입니다. 상평통보는 구리와 주석을 합해서 만들었으며, 둥근 엽전 모양으로 가운데에는 정사각형의 구멍이 뚫려 있습니다. 앞면에는 구멍을 둘러싸고 상하좌우에 '상평통보(常平通寶)'라는 한자를 한 자씩 찍었으며, 뒷면의 구멍 위에는 만든 관청의 이름을 박았습니다.

천 원 지폐에는 무엇이 있나요?

[신·구권 공통] 퇴계 이황

퇴계 이황 선생은 조선 중기의 유학자입니다. 이황 선생은 오늘날의 학교에 해당하는 서원을 만들어 많은 제자를 가르치셨던 분입니다. 당시의 선비들이 과거 시험 준비나 출세를 위한 공부에만 힘쓰는 것을 안타깝게 여기셨던 이황 선생은 올바른 교육을 위해 교과서를 직접 만드시고 서원을 세워 훌륭한 제자를 많이 기르셨습니다. 2,000여 편이 넘는 시와 여러 권의 저서, 훌륭한 글씨들이 아직도 남아 유학자, 청렴한 교육자로서의 이황 선생의 모습을 잘 보여줍니다.

[구권] 도산서원

도산서원은 경상북도 안동시 도산면 토계리에 있는 서원입니다. 퇴계 이황이 세상을 떠난 지 4년 후에 이황의 제자들과 유림들이 이황의 가르침을 계속 이어가고자 만든 서원입니다. 서원이란 조선시대에 여러 선비들이 모여서 공부를 하고, 훌륭한 스승에게 제사를 지내는 곳을 말합니다. 도산서원에는 옛 선비들이 공부하던 곳답게 400여 권의 책이 보관되어 있다고 합니다.

[신권] 계상정거도

조선시대의 대표화가였던 겸재 정선이 71세에 이황 선생이 글을 읽고 있는 모습을 그린 그림입니다. 맑은 물이 흐르는 강가에 세워진 계상서당(지금의 도산서당 자리)에서 열심히 책을 읽는 이황 선생의 모습을 그린 이 그림은 평소 이황 선생을 존경하던 겸재 정선이 가장 아끼던 그림이라고 합니다.

[구권] 투호

두 사람이 일정한 거리에서 청·홍색의 화살을 던져 병 속에 화살을 많이 넣은 사람이 이기는 우리나라의 전통놀이입니다. 주로 궁중이나 양반집에서 했던 놀이라고 합니다.

[신권] 명륜당

서울의 성균관대학에서 지금도 볼 수 있는 명륜당은 사실 1398년 조선 태조 7년에 만들어진 매우 오래된 건물이랍니다. 이 명륜당은 오늘날 대학교와 같은 역할을 하던 조선의 최고 교육기관인 성균관의 강의실이랍니다. 조선의 최고 실력을 가진 학생들이 모여 공부를 하던 곳이었기에 왕이 친히 이곳에 들러 유생들을 격려하고 직접 가르치기도 했던 곳이랍니다. 또 소과, 대과라 불리는 과거시험을 치른 곳도 이곳이며 퇴계 이황 선생은 이 성균관의 대사성(오늘날 대학의 총장)을 지내기도 했답니다.

만 원 지폐에는 무엇이 있나요?

[신·구권 공통] 세종대왕

세종대왕은 조선 4대 임금님으로 한글과 물시계, 해시계 등을 발명하게 하여 나라의 기틀을 튼튼히 하셨습니다. 아래에 소개되는 자격루, 혼천의와 우리가 지금 쓰고 있는 한글도 세종대왕 때 만들어졌습니다. 세종대왕은 조선시대에 백성을 사랑하고 훌륭하게 다스렸던 분으로 유명하신 임금님입니다.

[구권] 경회루

경복궁 근정전 서북 쪽 연못 안에 세워진 경회루는, 나라에 경사가 있거나 사신이 왔을 때 연회를 베풀던 곳입니다. 경회루는 우리나라에서 가장 큰 규모의 누각 건물로 인공으로 만든 섬 속에 세웠는데도 아직까지 남아있을 정도로 튼튼하게 지어졌습니다. 경회루 2층에 올라가면 인왕산, 북악산, 남산을 한눈에 볼 수 있고 1층에서는 연못과 섬을 감상할 수 있다고 합니다.

[신권] 일월오봉도(일월오악도)

일월오봉도는 경북궁의 근정전이나 덕수궁 중화전, 창덕궁 인정전에서 임금이 앉던 용상 뒤에 놓여진 커다란 병풍입니다. 해와 달을 대칭으로 그려넣고 다섯 봉우리와 소나무, 폭포와 푸른 물결이 그려진 화려한 이 병풍은 임금님의 권위와 영광을 나타내주는 그림이랍니다. 이 병풍은 임금님이 가는 곳에는 어디든지 같이 다녔고 임금님이 돌아가셨을 때 어진(임금님의 초상화)의 뒤에도 펼쳐놓았다고 합니다.

[구권] 물시계

세종대왕 때 장영실이 만든 물시계로 자격루라 불립니다. 자격루란 스스로 종을 치는 물시계라는 뜻입니다. 그 당시에 물시계는 사람이 지키고 서있다가 시간이 되면 종을 쳐서 알려주었는데 장영실이 만든 자격루는 사람이 옆에 있지 않아도 스스로 종을 쳤던 신기한 발명품입니다. 또 물시계는 낮에는 시간에 맞춰 쥐, 소 등의 여러 인형이 나오고 밤에는 시간에 맞춰 징이나 북을 쳤다고 하니 신기한 물건이었겠죠?

[신권] 혼천의

혼천의는 천체의 운행과 위치를 측정하여 천문시계의 구실을 하던 기구로써 일종의 천문시계를 말합니다. 하늘의 날씨를 살펴 가뭄이나 홍수 등을 대비하여 농사짓는 백성들을 위해 만든 기구라고 합니다. 세종대왕 시절에 장영실, 이천, 정인지, 정초 등의 과학자들이 모여 만들어진 혼천의는 천문학의 가장 기본적인 기구라고 합니다.

룰루랄라 신나는 체험학습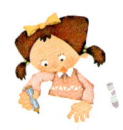

 오천 원 지폐에는 무엇이 있나요? 조사해 봅시다.

나오는 인물은?
- -

나오는 문화재는?
- -

나오는 장소는?
- -

우리 나라의 동전 살펴보기

　　우리나라의 주화에는 두루미(오백 원 화), 벼이삭(오십 원 화), 무궁화(일 원 화) 등 동식물이 새겨져 있습니다. 두루미는 천연기념물 202호로 지정된 겨울 철새로 우리나라에서는 평화와 장수의 상징이기 때문에 도안으로 채택되었다고 합니다. 벼 이삭은 왜 도안으로 선택되었을까요? 바로 국제식량농업기구(F.A.O)에서 세계식량의 날을 기념하기 위한 주화 발행 권장에 따라 우리나라 주식인 쌀을 주제로 벼이삭과 잎사귀를 그려 넣었습니다. 이 밖에 다른 도안들도 잘 살펴볼 수 있도록 동전 프로타주를 해봅시다.

| 동전 프로타주 하는 방법 |

10원, 50원, 100원, 500원짜리 동전 위에 종이를 놓습니다. 연필로 살살 누르듯이 칠하면 동전의 모습이 그대로 종이에 찍힙니다.

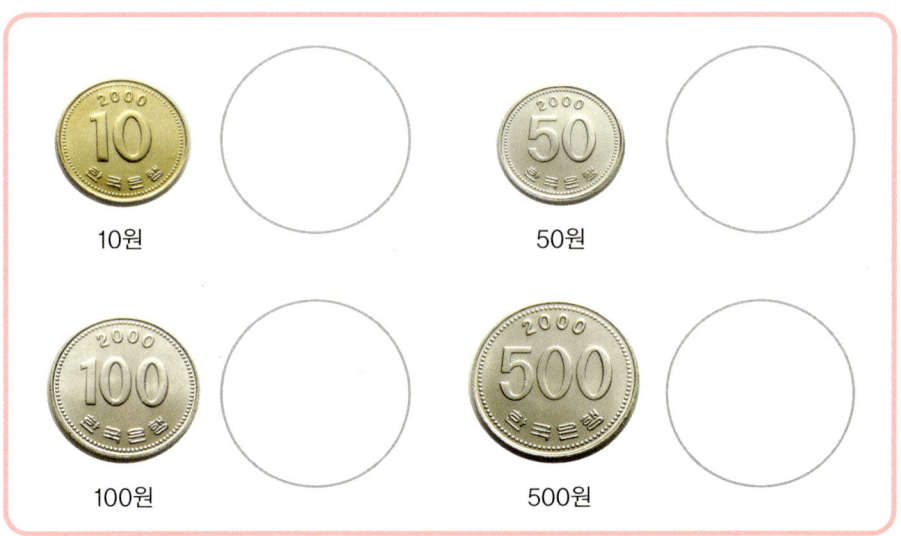

10원　　　　　　50원

100원　　　　　500원

145

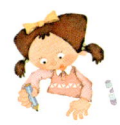

룰루랄라 신나는 체험학습

 내 돈은 진짜일까?

위조방지홍보관에서 내 돈이 진짜인지 검사해 봅시다. 위조지폐를 가려낼 수 있는
방법을 3가지 이상 찾아 써봅시다.

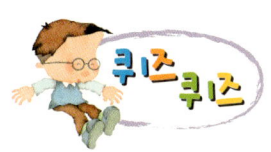 **퀴즈퀴즈** 대전화폐박물관을 견학하고 난 뒤 다음 문제를 풀어봅시다.

01 우리나라 최초의 종이돈으로, 닥나무 껍질로 만든 지폐를 무엇이라고 할까요?

02 우리나라는 1950년, 1953년, 1962년 이렇게 세 번에 걸쳐 화폐개혁을 하였습니다. 화폐단위가 "환(圜)"으로 바뀐 것은 몇 년도인가요?

03 우리나라와 세계 여러 나라의 화폐에 가장 많이 등장하는 도안의 소재는 무엇일까요?

힌트 : 우리나라의 지폐에도 이것이 소재로 가장 많이 등장한답니다.

04 현재 우리가 사용하고 있는 화폐의 액면가를 모두 더하면 얼마일까요?

힌트 : 1원 화와 5원 화는 우리가 평상시에 잘 사용하지는 않지만 현용 유통화폐랍니다.

※ 더 많은 퀴즈를 풀고 싶은 친구들은 대전화폐박물관 홈페이지에 들어가 보세요. '나도 화폐박사'라는 20여 가지의 재미있는 퀴즈가 준비되어 있습니다.

정답 : 저화, 1953년, 인물, 16,666원

147

룰루랄라 신나는 체험학습

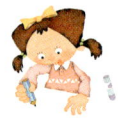

 내가 디자인해 본 만 원

내가 존경하는 위인의 초상화를 찾아봅시다. 내 맘에 드는 문화재와 건축물도 찾아서 멋진 만 원을 디자인해 보세요.

예 : ① 선덕여왕, 첨성대, 경주 불국사   ② 신사임당, 초충도, 강릉 오죽헌

위인과 관련된 문화재의
사진을 복사해 붙입니다.

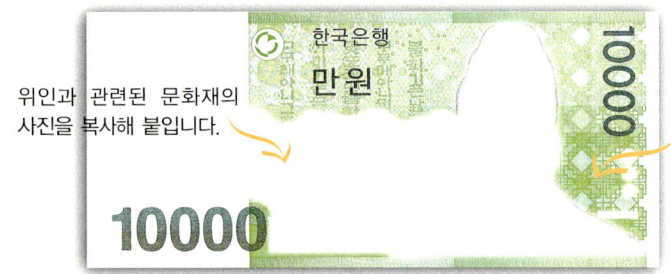

내가 존경하는
위인의 초상화를
간단히 그리거나
자료를 복사해
붙입니다.

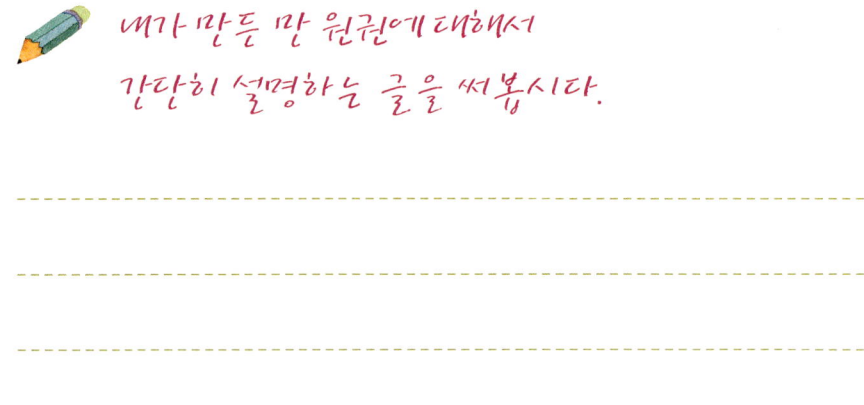 **내가 만든 만 원권에 대해서
간단히 설명하는 글을 써봅시다.**

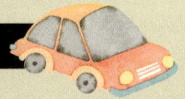

뛰뛰빵빵 박 물 관 을 찾 아 서

| 교통안내 | 대덕연구단지 내 엑스포과학공원과 국립중앙과학관이 인접한 곳으로 한국과학기술원 맞은편에 위치함.
대덕대교 유성 방향 → 과학로 삼거리 우회전 → 한국과학기술원 남문 → 대전화폐박물관 진입 안내판 오른쪽 길

대중교통　유성 방면 : 162번
대전역, 정부대전청사 방면 : 185번 버스 타고 국제특허연수원 하차
엑스포과학공원 방면 : 180, 513번 버스 타고 엑스포과학공원 서문
하차 후 국립중앙과학관 오른쪽 담장 길 따라 10분 도보

| 관람시간 | 화요일~일요일 : 오전 10시~오후 5시
* 휴관일 : 매주 월요일, 1월 1일, 설날 연휴, 추석 연휴, 정부 지정 임시공휴일

| 관 람 료 | 무료

| 관람안내 | 주소 : 대전광역시 유성구 과학로 35
전화 : (042) 870-1000

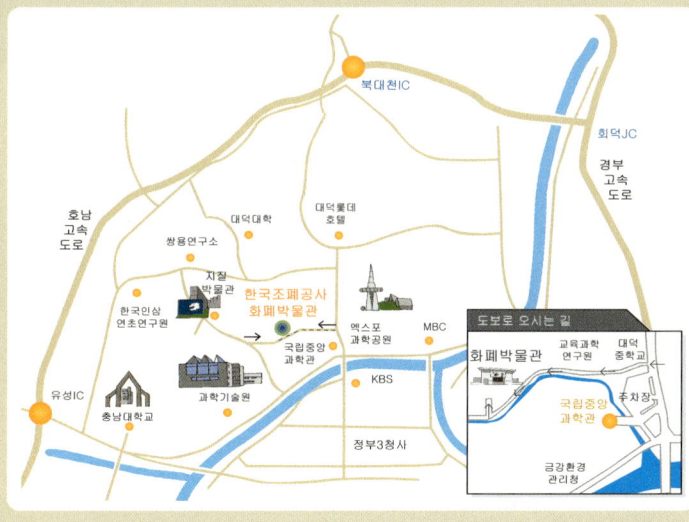

읽어두면 좋아요!
● 화폐로 배우는 세계의 문화 1, 2 (배원준 지음, 가교)
● 고정욱 선생님이 들려주는 장영실 (고정욱 지음, 산하)

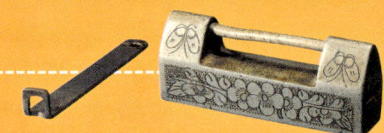

나도 풀어보고 싶은 비밀자물쇠 쇳대박물관

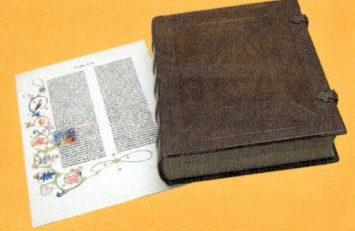

세계 최고의 금속활자 직지를 볼 수 있는 청주고인쇄박물관

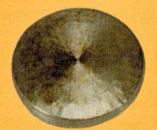

신명 나는 우리 국악 속으로 풍덩 국립국악박물관

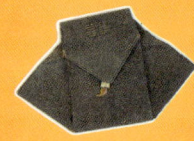

내가 만들어 보는 한지 종이박물관

5 학년을 위한

박물관

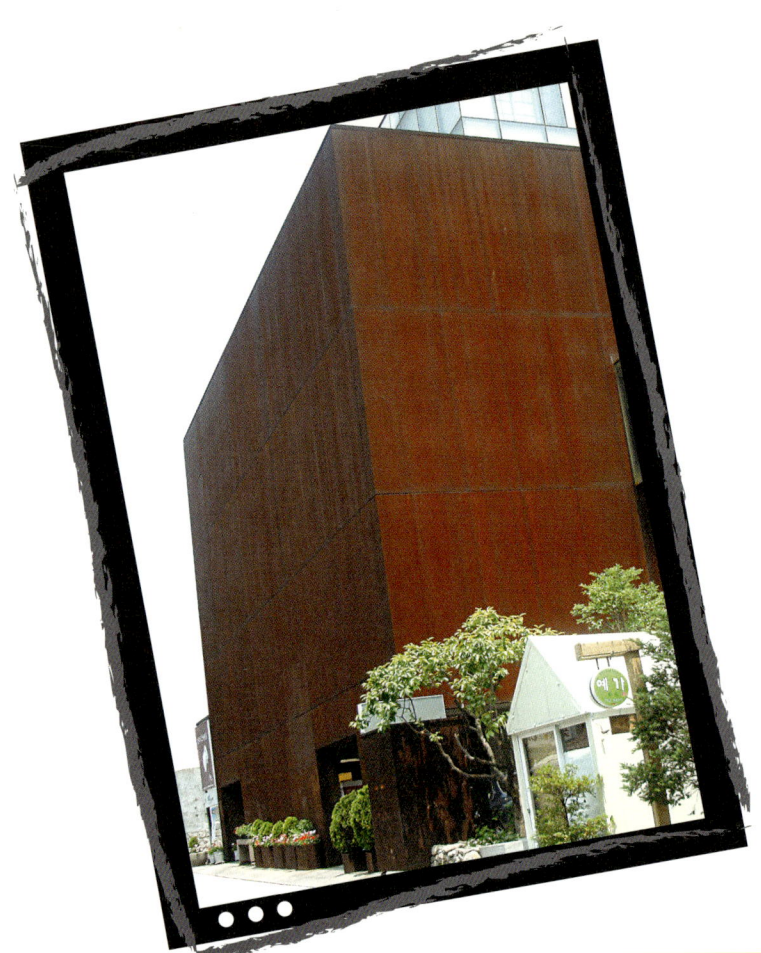

쇳대 박물관

재미가 술술 성적이 쑥쑥

● 5학년 2학기 사회 : 우리 겨레의 생활문화

박물관 요모조모

제1전시실

제1전시실은 다양한 자물쇠들을 전시하고 있는 곳입니다. ㄷ자 모양의 자물쇠, 둥근 원통 모양의 자물쇠, 함박형 자물쇠에서부터 물고기, 용, 거북이 등 동물 모양의 자물쇠까지 다양한 모양의 자물쇠를 볼 수 있습니다. 이 밖에 혼수예물로 쓰이기도 했던 알록달록 화려한 열쇠패와 커다란 대형 자물쇠, 푸는 방법을 꼭꼭 숨겨둔 비밀자물쇠까지 온갖 자물쇠를 다 살펴볼 수 있는 곳입니다.

또 이곳에서는 나무로 만든 아프리카 자물쇠, 중세 유럽에서 사용했던 자물쇠, 우리나라의 자물쇠와 비슷한 구조를 가진 티베트의 자물쇠까지 세계 여러 나라의 자물쇠도 있습니다. 중국의 용, 원숭이, 학 등의 자물쇠, 중동의 사자, 말 모양의 자물쇠도 꼭 한번 살펴보세요.

제2전시실

자물쇠가 쓰였던 여러 가구들을 전시해 놓은 곳입니다. 예전에 결혼할 때 신랑이 신부에게 혼서지를 넣어 보냈던 함, 도장을 보관했던 인장함, 사람의 얼굴을 그린 영정을 보관했던 영정함 등 조선시대의 여러 가지 가구에 쓰였던 자물쇠를 만날 수 있습니다.

제3전시실

제3전시실에서는 두석장(목가구의 장석을 비롯하여 자물쇠를 만드는 장인)으로 현재 무형문화재이신 김극천 선생님의 작업실을 그대로 옮겨와 전시하고 있습니다. 김극천 선생님은 통영에서 4대째 두석장으로 가업을 이어오고 있으며, 현재 그의 아들에게 기술을 전수하고 있습니다. 김극천 선생님의 선친 김덕용 옹은 우리나라 1대 무형문화재이셨고, 쇳대박물관에 전시되어 있는 작업 공구를 비롯한 가구, 장석들은 김덕용 옹 때부터 사용하시던 것이라고 합니다.

이야기 보따리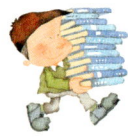

쇳대란?

열쇠를 방언으로 '쇳대'라고 합니다. 그러므로 쇳대박물관은 열쇠박물관이라고 부를 수도 있답니다.

자물쇠

장, 농, 책장, 뒤주, 곳간, 대문에 붙여 중요한 물건을 보호하기도 하였고 그 자체로 아름답게 꾸며주는 장식적인 역할도 하였습니다. 우리 조상들이 썼던 다양한 자물쇠를 보면서 일상의 작은 부분도 아름답게 꾸미는 법을 배워봅시다.

빗장

옛날 대문에 사용했던 자물쇠를 '빗장'이라고 합니다. 또 빗장이 들어가서 걸리게 만든 것을 '둔테' 또는 '빗장걸이'라고 했답니다. 대문에 붙어있던 둔테는 거북이나 물고기, 베틀의 북 모양으로 여러 의미가 있었습니다. 거북이는 장수와

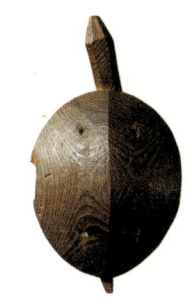
거북이형 빗장

수호의 뜻을, 물고기는 항시 눈을 뜨고 있기 때문에 벽사(귀신을 물리침)의 의미를 담고 있습니다. 이 물고기 빗장은 주로 사찰에서 사용하였는데, 항시 눈을 뜨고 있는 물고기처럼 미몽에서 깨어 수행하고 정진하라는 의미를 품고 있다고 합니다.

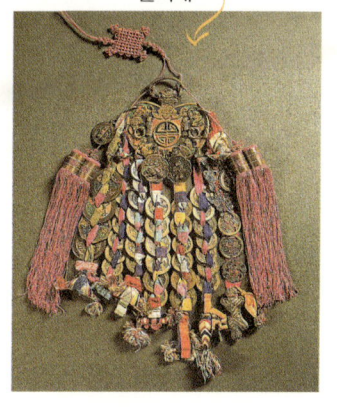
열쇠패

열쇠패

요즘 우리가 흔히 쓰는 열쇠고리를 말합니다. 나무나 녹각(사슴의 뿔)에 열쇠를 걸어놓을 수 있게 끈을 달아서 열쇠를 잘 정리할 수 있도록 만들었습니다. 여러 가지 무늬를 새겨 넣어 집 안에 걸어놓고 장식용으로 쓰기도 했다고 합니다.

비밀자물쇠

비밀자물쇠란 겉에서 보았을 때 열쇠구멍을 찾을 수 없는 자물쇠를 말합니다. 자물쇠를 만든 사람과 주인만이 이 비밀자물쇠를 풀 수 있도록 많은 단계를 거쳐야 열 수 있었죠. 현대의 열쇠기술로도 풀지 못하는 비밀자물쇠가 많다고 하니 이런 어려운 자물쇠를 어떻게 만들었는지 정말 궁금하네요.

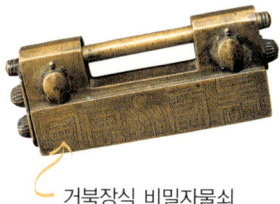
거북장식 비밀자물쇠

자물쇠의 여러 가지 무늬

글자무늬

자물쇠에 여러 가지 뜻이 담긴 글자를 두 글자나 네 글자를 새겨 넣었습니다. 넉넉하고 편안하게 살고 싶은 마음, 건강하게 오래오래 살고 아이도 많이 낳고 싶은 마음을 글자로 담아 자물쇠에 새겼습니다. 우리 조상들은 늘 보고 만질 수 있는 가구나 문의 자물쇠에 마음속의 소원들을 담았던 거예요.

열쇠패

모란문은입사 자물쇠

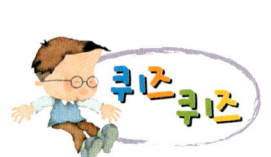

쇳대박물관에 전시되어 있는 자물쇠에서 다음 글자들을 잘 찾아보고 찾은 글자에 동그라미 해봅시다.

壽 - 목숨, 오래 살다 **수**

福 - 복 **복**

囍 - 매우 기뻐할, 쌍희 **희**

康寧 - 편안할 **강**, 편안할 **녕**

富貴多男 - 재물이 넉넉한 **부**, 귀할 **귀**, 많을 **다**, 아들 **남**

식물무늬

쇳대박물관을 다니다 보면 글씨 말고도 예쁜 꽃이 새겨진 자물쇠를 볼 수 있습니다. 이런 꽃들도 예쁘다고 다 새겨 넣은 것이 아니랍니다. 의미가 좋은 꽃들만 골라서 정성껏 새겨 넣었어요.

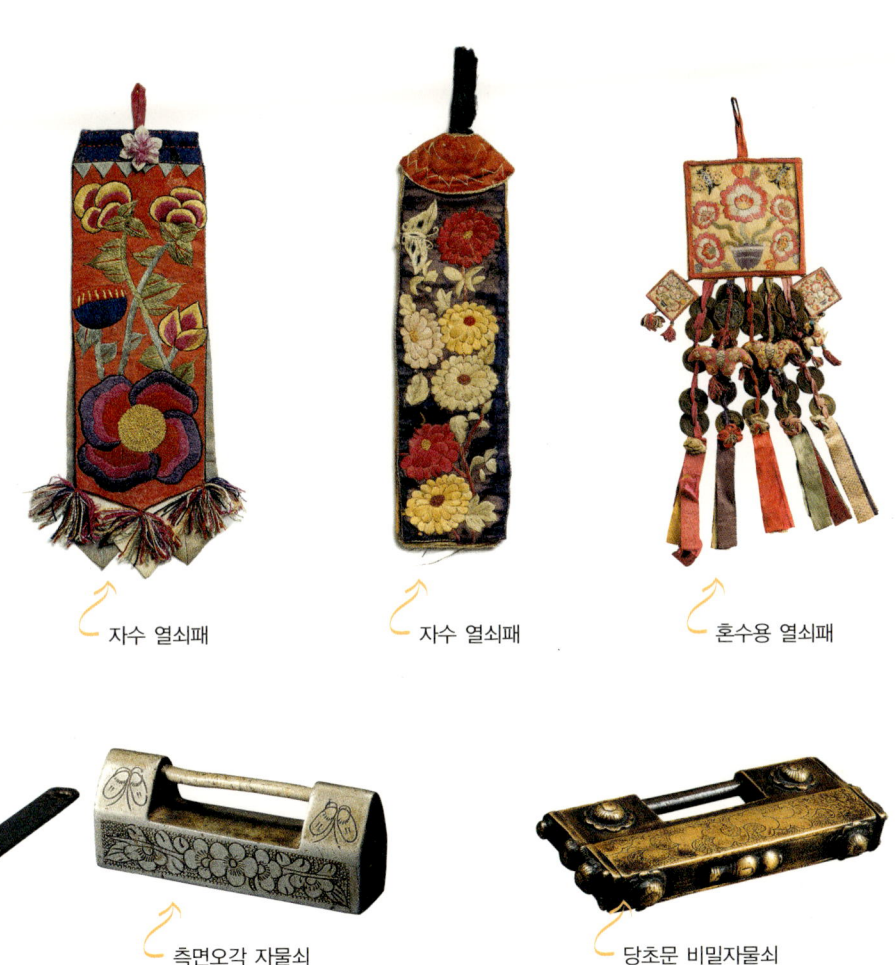

자수 열쇠패

자수 열쇠패

혼수용 열쇠패

측면오각 자물쇠

당초문 비밀자물쇠

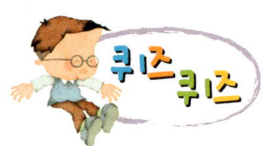

퀴즈 퀴즈 다음 꽃들의 의미를 잘 읽어보고 쇳대박물관에서 꽃무늬도 찾아봅시다. 어느 유물에서 꽃무늬를 찾았는지 적어보세요.

연꽃 – 진흙에서 피어나지만 아름다운, 불교에서 아끼는 꽃입니다. 우리나라는 예로부터 불교 국가였기 때문에 연꽃을 귀하게 생각하였습니다.

(　　　　　　　에서 찾았어요)

보상화문 – 보상화는 불교적 이념을 바탕으로 만든 상상 속의 꽃입니다. 꽃잎이 5장인 꽃으로 덩굴과 함께 자주 사용되었습니다.

(　　　　　　　에서 찾았어요)

모란 – 늦봄에 피는 매우 크고 예쁜 꽃입니다. 부귀와 명예를 상징하는 꽃이랍니다.

(　　　　　　　에서 찾았어요)

국화 – 임금님에게 충성하는 마음을 뜻하는 충절의 꽃이랍니다.

(　　　　　　　에서 찾았어요)

매화 – 추운 날씨에도 꽃을 피우는 식물로 역경을 이겨내는 굳은 의지를 뜻합니다.

(　　　　　　　에서 찾았어요)

당초문 – 중국에서 전해져 내려오는 덩굴무늬입니다. 여러 나라에서 두루 쓰이는 이 무늬는 없어지지 않고 끊임없이 유지되는 것을 뜻합니다.

(　　　　　　　에서 찾았어요)

동물무늬

물고기형 자물쇠

| 물고기 | 물고기가 눈을 뜨고 잔다고 해서 자물쇠의 무늬로 많이 쓰였답니다. 밤에도 눈을 뜨고 지켜야 도둑이 무서워서 오지 않겠죠? 우리 조상님들은 물고기가 알을 많이 낳기 때문에 아이를 많이 낳고 싶은 소원을 들어준다고 믿었어요. 또 물고기가 용으로 변한다고 생각해서 물고기 그림은 출세를 뜻하기도 했답니다. 참 재미있죠? 물고기 무늬가 어디 있나 찾아봅시다.

| 박쥐 | 서양에서는 박쥐를 드라큘라 등 매우 불길하게 생각했지만 우리 조상들은 박쥐를 '하늘에 사는 쥐' 라고 믿어 귀신을 쫓아준다고 생각했어요. 또 박쥐는 보통 다섯 마리의 새끼를 낳는다고 해서 오복(壽, 富, 康寧, 攸好德, 考終命 – 부자로 오래오래 편안하게 살고, 덕이 있으며 뜻을 다하여 살다 편히 죽는 것)을 갖다준다고 생각했답니다.

박쥐형 자물쇠

박쥐의 한자인 蝠(박쥐 복)과 복을 뜻하는 한자 福(복 복)이 발음이 같아서 복을 가져다준다는 의미로 박쥐를 많이 사용했다고도 합니다. 우리 조상님들은 이렇게 박쥐를 좋아해서 가구나 장신구의 무늬로 많이 사용했답니다. 쇳대박물관에 있는 박쥐무늬를 찾아보세요.

거북이형 자물쇠

| 거북 | 거북은 오래 사는 동물로 유명합니다. 우리 조상들은 거북을 장수의 동물로 생각하여 특히 대문의 둔테(빗장이 들어가서 걸리게 만든 것)로 많이 사용하였습니다. 쇳대박물관에도 거북이 많이 전시되어 있습니다. 주로 무엇으로 만들어져 있는지 찾아 써봅시다.

5학년

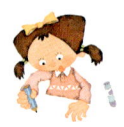

 쇳대박물관의 입장권을 붙이고
입장권에 그려진 자물쇠를 찾아 써봅시다.

 우리 조상들의 생활도구에서
아름다운 점을 찾아 써봅시다.

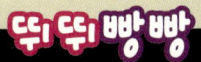 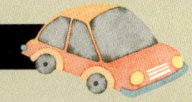
| 교통안내 | 지하철 4호선 혜화역 2번 출구 → 한국방송통신대학 쪽으로 직진 → 한국문예진흥원 팻말이 보이는 곳에서 좌회전 100m 직진
버스 – 간선 : 101, 104, 106, 108, 109, 140, 143, 149, 150, 151, 160, 161, 162, 273, 301번
지선 : 1012, 1018, 2112번
광역 : 9410번

| 관람시간 | 오전 10시~오후 6시(매주 월요일 휴관)
* 쇳대박물관에서는 도슨트(관람객을 안내하는 사람) 선생님께서 방문하는 모든 관람객들에게 자세한 안내를 하고 있습니다. 도슨트 선생님께 박물관의 각종 유물에 대한 자세한 설명도 듣고 궁금한 점을 질문해 보세요.

| 관 람 료 | 일반 : 5,000원   청소년 : 3,000원   어린이(초등학생) : 2,000원
미취학아동 무료

| 관람안내 | 주소 : 서울특별시 종로구 동숭동 187-8
전화 : (02) 766-6494
인터넷주소 : http://lockmuseum.org/

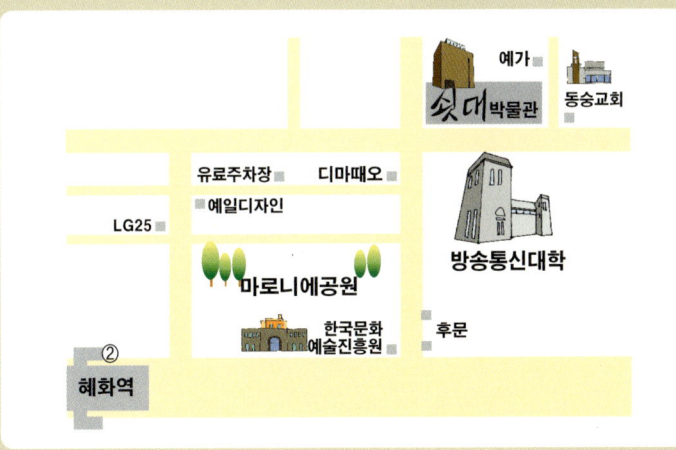

5학년

161

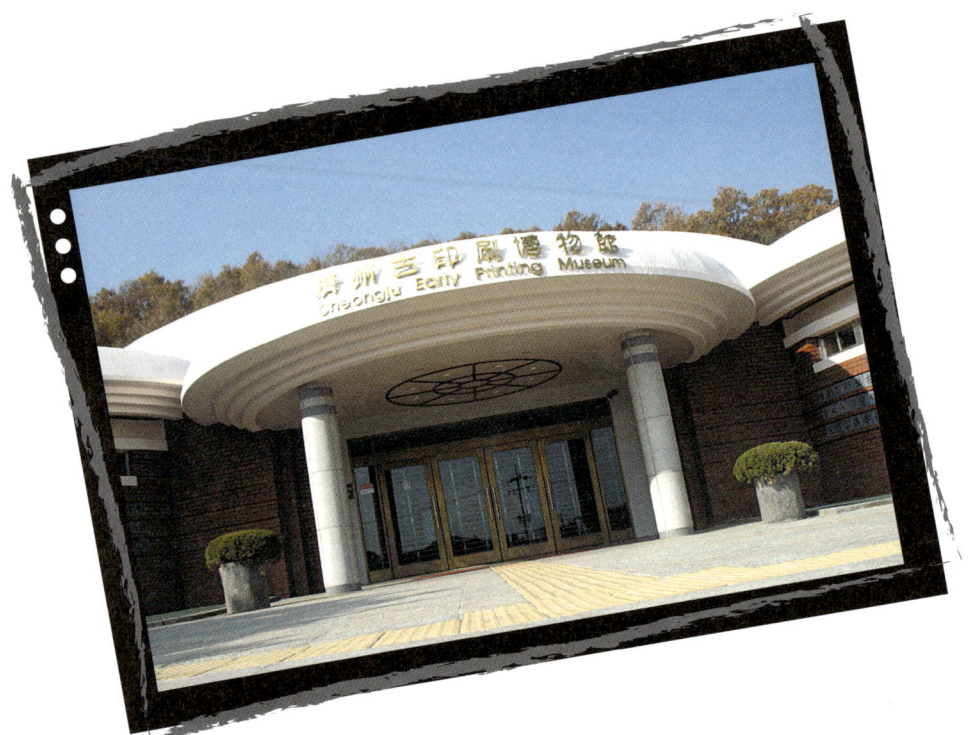

세계 최고의 금속활자 직지를 볼 수 있는

청주고인쇄 박물관

재미가 솔솔 성적이 쑥쑥

- 5학년 2학기 읽기 : 청주고인쇄박물관을 찾아서
- 5학년 2학기 사회 : 과학 문화재 탐방
- 6학년 1학기 : 고려의 문화재, 금속활자

박물관 요모조모

직지와 흥덕사실

직지가 만들어진 흥덕사에서 나온 유물과 세계기록유산인 직지와 관련된 유물이 전시되어 있는 곳입니다.

직지금속활자공방

직지를 만드는 데 사용된 금속활자의 인쇄과정을 9단계로 나누어 애니메이션으로 연출합니다. 각 단계로 이동하면 자동으로 인형들이 움직이면서 금속활자의 제작과정을 설명해 줍니다.

인쇄문화실

초기 인쇄의 모습에서부터 조선시대 인쇄까지 인쇄의 역사를 보여주는 전시관입니다. 신라관에서는 세계에서 가장 오래된 목판인쇄물인 무구정광대다라니경에 대한 설명을 볼 수 있습니다. 고려인쇄관는 일찍부터 금속활자를 사용하였던 우리 조상들의 지혜를 엿볼 수 있는 곳입니다.

동서인쇄문화실

동양인쇄문화실에서는 중국, 일본 등의 인쇄 문화를 보여주는 곳입니다. 중국에서 처음 쓰였던 종이가 한국을 거쳐 일본으로 전해졌던 과정, 한지를 만드는 방법 등이 잘 전시되어 있습니다. 서양인쇄문화실에서는 구텐베르크의 '42행 성서'에 대한 설명과 여기에 사용된 금속활자, 인쇄기 등을 볼 수 있습니다. 이곳은

163

동서양 인쇄술의 공통점과 차이점을 잘 알 수 있는 전시장입니다.

이 밖에 관람객들이 직접 목판인쇄와 금속활자 인쇄를 할 수 있는 시연실과 고인쇄와 관련된 영상자료를 볼 수 있는 영상관, 여러 가지 인쇄기를 시기별로 전시해 놓은 인쇄기기실 등이 있습니다.

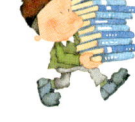

이야기 보따리

책은 언제부터 만들어졌을까?

우리가 지금 보고 있는 책은 언제부터 만들어졌을까요? 처음에는 일일이 손으로 써서 만들었기 때문에 책을 구하기가 힘들었던 터라 매우 귀한 물건이었다고 합니다. 그러다 활자를 만들어 찍어내면서 많은 사람들이 책을 읽을 수 있었습니다. 세계에서 가장 오래된 금속활자본인 '직지'가 우리나라에 있었다고 하니 참 자랑스럽죠. 이 직지는 2001년 9월 유네스코 세계기록문화유산으로 지정되었고 현재 프랑스 국립도서관에 소장되어 있다고 합니다. 우리나라의 소중한 문화유산이 다른 나라에 있다니 섭섭하지요? 우리나라에서는 직지를 찾으려고 많은 노력을 하고 있답니다.

직지는 어떤 책인가요?

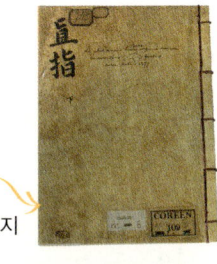

직지

직지는 1377년 청주 흥덕사에서 금속활자로 만들어진 책입니다. 고려 말 백운 경한스님이라는 분이 여러 부처님과 스님들의 훌륭한 말씀을 모아 만든 책입니다. 원래 상하 2권으로 되어있었는데 상권은 없어지고 하권만 전해 내려오다가 우리나라에서 근무하던 프랑스인에게 팔려가 지금은 프랑스 국립도서관에 있습니다.

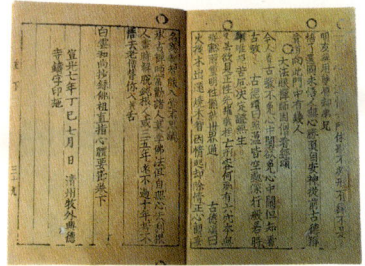

금속활자란 무엇일까요?

처음 책을 만들 때는 기술이 없어 직접 손으로 글자를 써서 만들어야만 했습니다. 책을 가지고 싶으면 다른 사람 것을 빌려다가 베껴 써야 했던 것이죠. 그러나 책을 베끼다 보니 글씨를 틀리기도 하고 빼먹기도 해서 인쇄할 방법을 고민하게 되었습니다.

처음에는 나무에 글자를 새겨서 책을 만들었어요. 그런 방법을 목판인쇄라고 합니다. 그러나 목판인쇄는 내용이 달라질 때마다 판을 새로 만들어야 했기 때문에 비용과 시간이 많이 들었답니다. 또 목판은 보관이 어려워 쉽게 망가졌습니다. 그래서 새로 생각해낸 방법이 글자를 한 자 한 자씩 만드는 '활자인쇄술'이었습니다.

활자인쇄술은 한 벌의 활자를 만들면 오래 간직할 수 있고 필요한 책을 마음대로 찍어낼 수 있어서 목판인쇄보다 비용도 적게 들고 일하는 시간도 줄어들었습니다. 금속활자는 금속으로 활자를 만든 것이라 만들기는 까다로웠으나 오랫동안 사용할 수 있었습니다.

5학년

금속활자는 어떻게 만들었을까요?

금속활자는 다음과 같은 방법으로 만들었습니다.

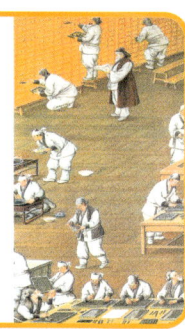

❶ 붓으로 쓴 글씨를 밀랍판 위에 거꾸로 붙입니다.

❷ 글자 모양대로 글자를 새겨 밀랍 활자를 만듭니다.

❸ 밀랍봉을 만듭니다.

❹ 밀랍봉에 달려있는 어미 활자를 통에 넣습니다.

❺ 열을 가하여 밀랍을 녹여내고 쇳물을 부은 후 쇳물이 식으면 활자를 하나씩 떼어냅니다.

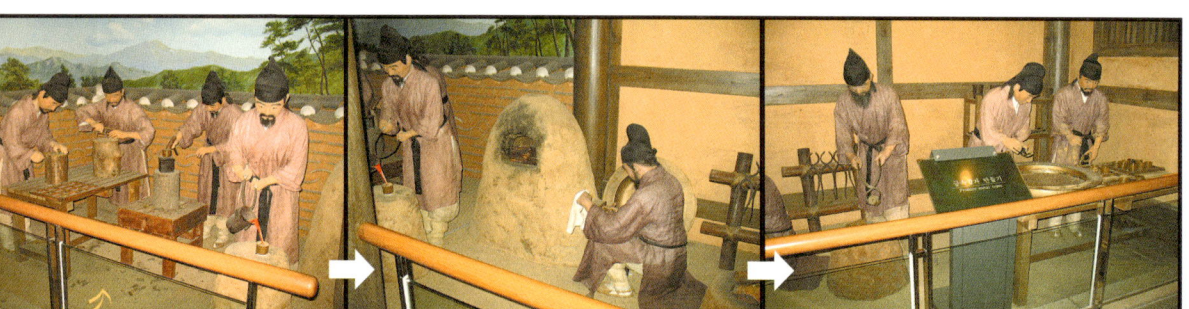

금속활자 만드는 모습

옛사람들은 어떻게 책을 만들었을까요?

| 조판하기 | 주물로 완성된 글자들을 글자판 위에 하나씩 옮겨놓는 작업입니다. 글자가 움직이지 않도록 잘 고정시켜야겠지요.

| 먹칠하기 | 글자판이 완성되면 큰 붓으로 글자판에 먹을 칠합니다.

| 문지르기 | 먹칠을 한 글자판에 종이를 얹고 잘 문지릅니다. 이때 말총이나 사람의 머리카락 등으로 만든 인체를 이용하여 골고루 잘 문질러 주어야 합니다.

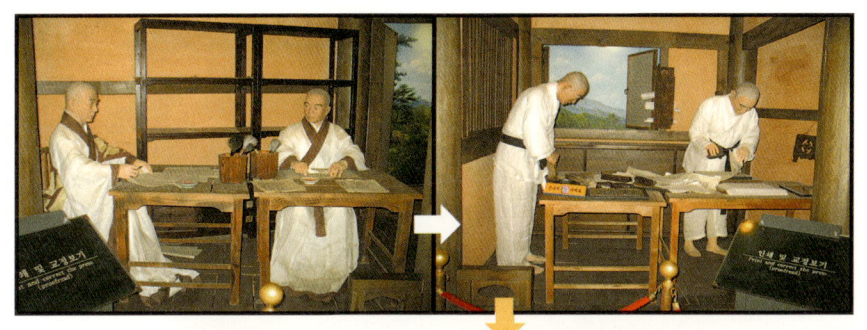

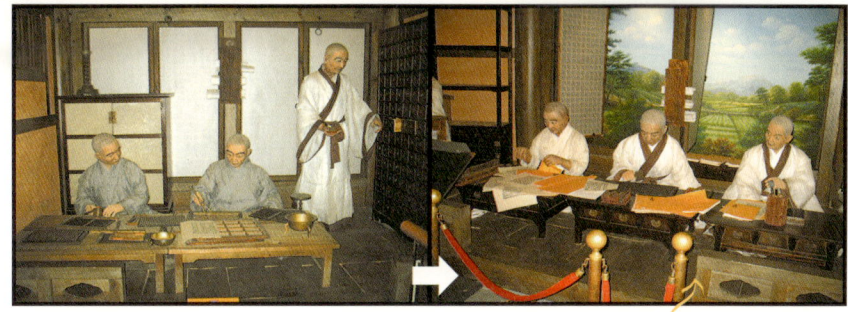

책 만드는 모습

문방사우란?

옛날 선비들은 무엇으로 공부를 했을까요? 오늘날 우리들은 공책, 연필, 지우개 등의 학용품을 쓰지만 옛날 사람들은 먹을 벼루에 갈아 붓과 종이를 이용해 글을 썼습니다. 붓글씨를 쓰는 데 꼭 필요한 붓, 먹, 종이, 벼루 이 네 가지를 '문방사우' 라고 한답니다.

167

룰루랄라 신나는 체험학습

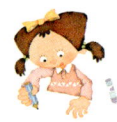

 ## 소중한 우리 문화유산 직지를 찾자.

직지가 우리나라의 소중한 유산인데도 불구하고 우리나라가 아닌 프랑스국립도서관에 보관되어 있습니다. 우리나라 어디에 있을지 모르는 직지를 찾자는 내용으로 만화나 포스터를 그려봅시다.

세계에서 가장 오래된 목판인쇄본 - 무구정광대다라니경

인쇄술은 세계 최초로 중국에서 발명되었지만 지금까지 남아있는 목판인쇄물 중 가장 오래된 것은 우리나라에 있습니다. 바로 국립중앙박물관에 소장된 무구정광대다라니경입니다.

1966년 경주 불국사의 석가탑을 수리하던 때였습니다. 석가탑을 지탱하고 있던 나무기둥이 부러지면서 석가탑의 돌이 떨어졌습니다. 그런데 부서진 탑 안에서 동경과 비단, 구슬 등 진귀한 물건들과 비단으로 싸여진 두루마리를 발견하게 됩니다. 이 두루마리 안에 들어있던 문서가 바로 '무구정광대다라니경' 입니다.

석가탑의 사리함 속에서 극적으로 발견된 이 문서는 세계에서 가장 오래된 목판인쇄물로 역사가 가장 긴 종이이기도 합니다. 1,200년이나 되는 이 문서에서 우리나라의 우수한 인쇄기술과 제지기술을 엿볼 수 있습니다.

나라를 구하기 위해 만들었던 고려의 팔만대장경

고려는 몽골의 침입으로 수도를 강화도로 옮기는 등 많은 어려움에 처하게 되었습니다. 이런 위험에 빠진 나라를 구하기 위해 부처님께 비는 간절한 마음으로 만든 것이 바로 팔만대장경이었습니다.

이 팔만대장경을 오랫동안 보관하기 위해서 고려인들은 나무를 소금물에 담갔다가 말리기를 수차례 반복했다고 합니다. 이렇게 하면 목판에 좀이 슬지 않습니다. 이렇게 만든 목판에 하나하나 정성껏 글자를 새겨 무려 16년에 걸쳐 8만 1,258장의 목판을 만듭니다.

이렇게 정성 들여 만든 목판을 썩지 않게 보관하는 건물이었던 장경각 또한 과학적으로 만들었습니다. 통풍이 잘 되도록 창문의 크기를 엇갈리게 해서 건물 안에 들어간 공기가 아래위로 돌아 나오도록 설계하였습니다. 또 장경각의 바닥은

169

숯과 소금, 흙으로 만들어 습도를 조절하고 벌레가 끼지 않도록 세심하게 만들었습니다. 이렇게 정성 들여 만들었기 때문에 800여 년이 지난 지금까지 잘 보관될 수 있었던 것이죠.

그러나 정성 들여 만든 이 팔만대장경도 여러 차례 없어질 위기를 겪게 됩니다. 고려시대에는 불교를 국교로 삼아 번성하였으나 조선시대에는 불교를 업신여겼습니다. 그래서 일본 사람들이 와서 팔만대장경을 달라고 하자 세종대왕이 일본에 그냥 주라고 명하기도 했답니다. 다행히 신하들의 반대로 팔만대장경이 일본으로 넘어갈 위기를 간신히 넘겼습니다. 또 팔만대장경을 보관하던 해인사는 화재를 여러 차례 겪었지만 다행히 대장경이 보관된 장경각은 무사히 보전되었다고 하네요.

팔만대장경은 더 이상 우리만의 문화재가 아닙니다. 세계 사람들이 함께 지켜야 할 문화재인 거죠. 앞으로도 팔만대장경이 잘 보전될 수 있도록 어린이 여러분들이 더욱더 팔만대장경을 아끼고 사랑하며 널리 홍보해야겠죠?

구텐베르크의 42행 성서와 우리의 직지

15세기 중엽에는 서양에서도 인쇄술이 발전하지 못해 손으로 책을 베껴 썼다고 합니다. 오히려 중국과 한국 등 동양의 인쇄기술이 더욱 훌륭하여 서양의 여러 국가는 중국의 영향을 받아 목판인쇄를 하게 됩니다. 그러던 중 구텐베르크라는 금은세공사가 포도즙을 짜던 기계를 보고 금속인쇄를 발명하게 됩니다. 포도즙을 짜던 기계를 보고 금속인쇄를 생각해 내었다고 하니 정말 대단하지요?

구텐베르크 금속활자

구텐베르크가 금속활자로 42행 성서를 처음 찍어낸 이후, 금속활자가 전 유럽으로 급속하게 퍼졌고 그 덕분에 많은 사람들이 지식을 빨리 습득할 수 있었다고 합니다.

우리나라의 직지는 구텐베르크의 42행 성서보다 70여 년이나 빨리 찍은 책이라고 합니다.

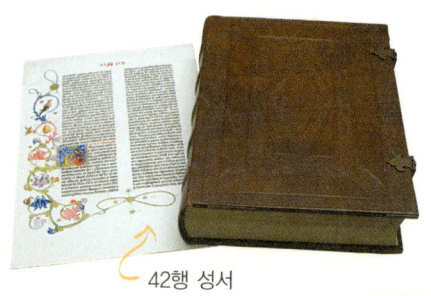

42행 성서

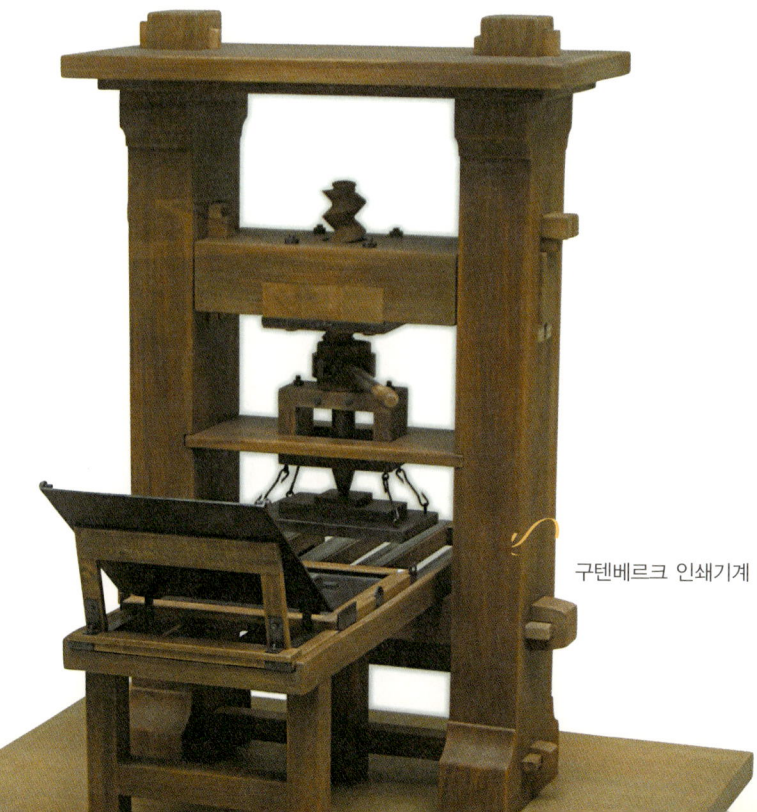

구텐베르크 인쇄기계

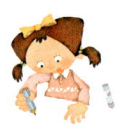

룰루랄라 신나는 체험학습

 청주고인쇄박물관의 시연실에서 옛 방식으로 인쇄를 해봅시다. 인쇄를 한 결과물을 붙여봅시다.

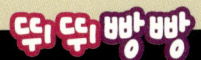 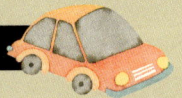

박물관을 찾아서

| 교통안내 | 경부고속도로 : 청주 IC → 8km
　　　　　　　중부고속도로 : 서청주 IC → 5km

　대중교통　　청주 고속버스터미널(청주시 가경동) 앞 버스정류장에서 831,
　　　　　　　831-1, 832번 버스 승차 후 예술의전당 정류장 하차 횡단보도 건
　　　　　　　너편

| 관람시간 | 1월~12월 : 오전 9시~오후 6시(입장은 오후 5시까지)
　　　　　　　* 휴관일 : 매주 월요일, 1월 1일, 설, 추석

| 관 람 료 | 어른: 800원
　　　　　　　청소년: 600원
　　　　　　　어린이: 400원

| 관람안내 | 주소 : 충청북도 청주시 직지로 113
　　　　　　　전화 : (043) 269-0556, 220-6755

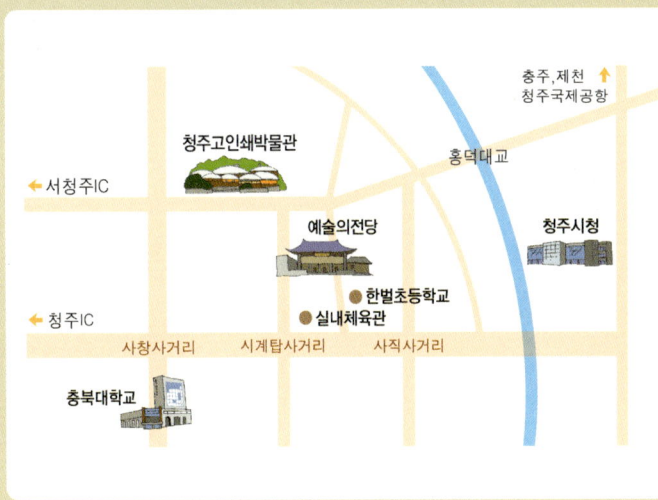

읽어두면 좋아요!
● 돌도끼에서 우리별 3호까지 (정상윤 지음, 아이세움)
● 세상을 깜짝 놀라게 한 오천년 우리 과학 (이영민 지음, 계림닷컴)

5학년

173

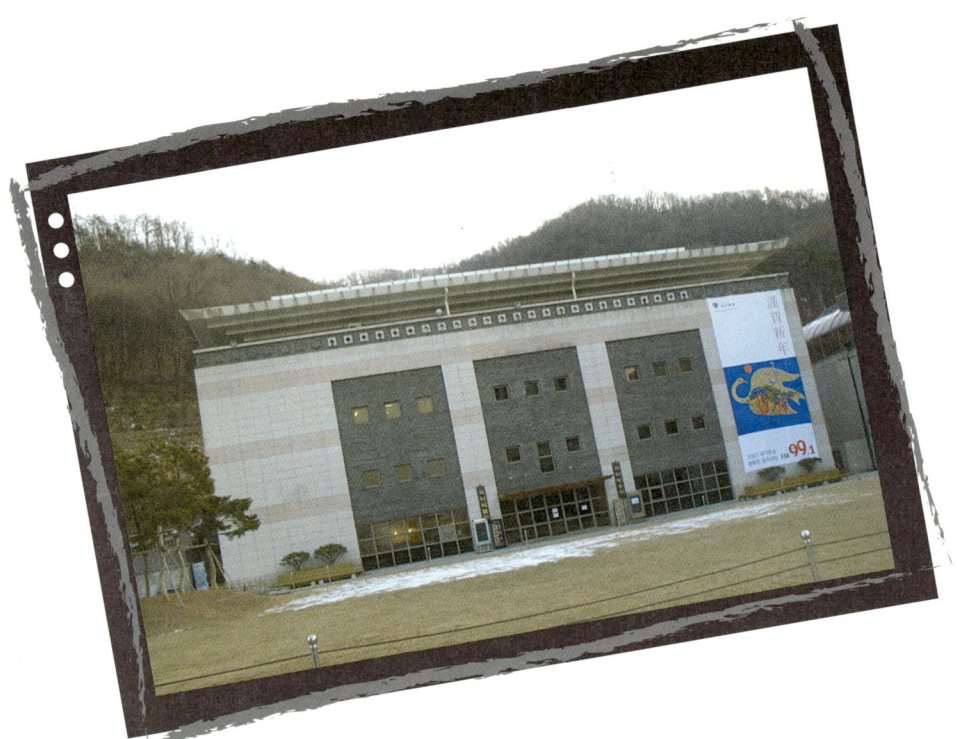

신명 나는 우리 국악 속으로 풍덩

국립국악박물관

재미가 솔솔 성적이 쑥쑥

- 2학년 2학기 즐거운 생활 : 풍물놀이하기
- 4학년 음악 : 사물놀이의 특징 알기
- 5학년 음악 : 국악의 연주 형태 알기
- 6학년 음악 : 산조의 특징 이해하기

박물관 요모조모

악기전시실

악기전시실은 우리나라의 전통악기뿐만 아니라 다른 나라의 악기도 함께 살펴볼 수 있는 곳입니다. 우리나라의 악기 70여 종과 세계의 악기 140여 점을 관악기, 현악기, 타악기로 구분하여 전시하고 있습니다. 북한의 악기와 불교의식에 쓰였던 악기 등 특이한 악기들도 볼 수 있다고 합니다.

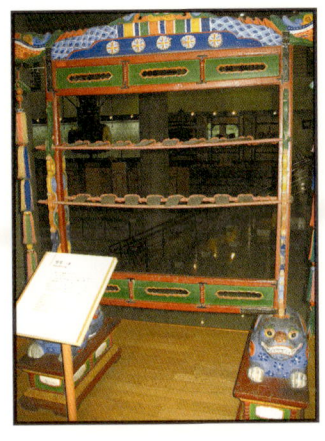

국악사실

우리나라는 아주 오래전부터 악기를 사용하여 음악을 연주하였습니다. 삼국시대에 이미 중국과 중앙아시아와 음악 교류를 하였고, 고구려의 왕산악이 만들었다는 거문고와 가야의 가실왕이 만들었다는 가야금 등이 널리 쓰였습니다. 국악사실은 우리나라 국악의 역사를 다양한 그림 자료를 통해 시초부터 조선 후기까지 살펴볼 수 있는 곳입니다.

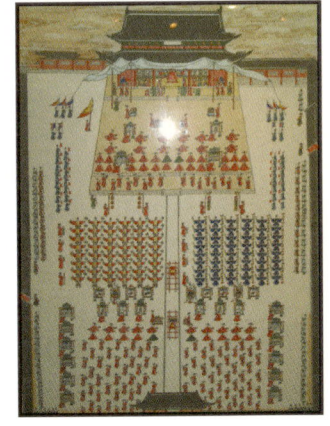

입체영상실

입체영상실은 우리 음악을 내용으로 하는 3D 입체영상물을 상영하고 있습니다. 효과음과 배경음악을 모두 국악기로 연주하여 우리 음악을 자연스럽게 접할 수 있도록 하였습니다.

죽헌실

죽헌실은 근대 국악의 발전을 위하여 애쓰신 대마루(죽헌) 김기수 선생님의 애장품과 업적들을 모아 그의 생애를 알 수 있도록 잘 전시해 놓은 곳입니다.

고문헌실

고문헌실에는 우리나라 국악의 역사를 알 수 있는 악보와 악서, 그림, 음악 등의 자료를 볼 수 있는 곳입니다. 조선시대의 대표적인 음악이론서인 악학궤범과 15세기 세조 대의 음악을 담고 있는 대악후보, 세종대왕이 만드신 정간악보와 같은 귀중한 고악보와 궁중잔치 모습을 그린 병풍, 궁중무용 그림도 볼 수 있습니다.

명인실

어떤 기예에 뛰어난 사람을 우리는 명인이라 합니다. 명인실에는 명인들이 쓰던 악기와 악보, 일기장들이 전시되어 있습니다.

국악체험실

국악체험실에서는 가야금, 해금, 장구 등 우리나라 악기들을 직접 배울 수 있는 '우리악기 배움터', 재미있는 동영상으로 국악을 배우는 '매직영상 한마당', 국악 반주에 맞추어 노래를 불러볼 수 있는 '국악노래방', 동영상으로 우리나라의 음악과 춤을 감상할 수 있는 '소리의 향기', 국악으로 게임을 할 수 있는 '국악게임 팡팡팡' 등으로 재미있게 국악을 체험할 수 있습니다.

이야기 보따리

국립국악박물관은 어떤 곳일까?

1995년에 문을 연 국립국악박물관은 우리 국악을 한눈에 볼 수 있는 음악사적 가치가 있는 자료를 체계적으로 수집하고 전시하는 우리나라 최초의 국악전문자료관입니다. 유리관과 중앙홀에 차분히 전시된 국악기들의 정적인 모습과 음향, 영상 등을 통해 원하는 소리와 영상을 즐길 수 있는 동적인 모습이 함께 어우러져 있습니다.

현악기, 관악기, 타악기가 뭐예요?

| 현악기 | 줄을 진동시켜 소리 내는 악기입니다. 우리나라 현악기의 줄은 양금을 제외하고 모두 명주실로 만들어져 있습니다. 그러나 소리 내는 방법에는 여러 가지가 있습니다. 가야금, 거문고, 비파는 줄을 뜯어서 소리를 냈고 아쟁과 해금은 활로 줄을 문질러서 소리를 냈습니다. 양금은 특이하게 줄을 두드려 연주했다고 합니다.

| 관악기 | 관에 김을 불어 넣어 소리 내는 악기입니다. 대금, 소금과 같이 가로로 부는 악기와 피리, 단소와 같이 세로로 부는 악기로 나눌 수 있습니다. 또 소리 내는 방법에 따라 대금, 소금, 훈과 같이 병을 부는 원리로 소리 내는 악기, 피리나 새납(태평소)과 같이 서(혀)를 꽂아서 부는 악기, 하모니카나 생황과 같이 떨림판을 울려서 소리 내는 악기 등으로 구분할 수 있습니다.

5학년

| 타악기 | 타악기는 두드려서 소리를 내는 악기입니다. 타악기는 일정한 음높이를 가지고 가락을 연주할 수 있는 편종·편경·특종·특경·방향·운라 등의 악기와 분명한 음높이를 갖지 않는 장구, 북, 꽹과리 등의 악기로 나눌 수 있습니다. 악기를 만드는 재료에 따라 장구와 좌고·따블라처럼 가죽을 울려서 소리 내는 것과 편종이나 어처럼 쇠나 나무 등을 쳐서 소리 내는 것으로 구분하기도 합니다. 타악기는 국악기 가운데 그 종류가 가장 많은데, 이중에는 옛 궁중의식이나 국가적인 제사가 없어지면서 쓰이지 않게 된 악기들도 있답니다.

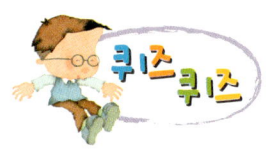

퀴즈퀴즈　　**국악 수수께끼**

01 편종은 똑같은 크기의 종이 (　　　)개 달려있습니다. 이 종들은 두께가 달라 제각기 다른 소리를 냅니다. 두께가 두꺼운 종은 높은 소리를 내고 얇은 종은 낮은 소리를 냅니다.

02 편종과 짝을 이루는 편경은 단단한 (　　　)로 만든 경으로 이루어져 있습니다. 경은 한글의 (　　　)자 모양을 하고 있습니다. 음의 빛깔이 맑고 깨끗해서 제례음악으로 쓰입니다. 또 날씨에 관계없이 일정한 소리를 내기 때문에 모든 악기의 기준이 되었습니다. 우리 조상들은 편경을 매우 소중하게 여겨서 이것을 망가뜨리면 귀양을 가기도 했습니다.

03 박은 음악의 시작과 끝을 알릴 때 사용했던 악기입니다. 30~40cm 길이의 박달나무 조각 (   )개를 사슴가죽 끈으로 묶어 만든 타악기입니다. 박을 치는 사람은 집박이라고 불리는데 오늘날의 지휘자와 같은 역할을 했다고 합니다.

04 음악을 시작할 때 박을 몇 번 칠까요? (   )

05 음악이 끝날 때 박을 몇 번 칠까요? (   )

06 푸른 빛깔의 나무 궤짝 모양을 하고 있는 이것은 위쪽에 구멍이 뚫려 있습니다. 이 구멍에 나무로 만든 막대기를 꽂아 밑바닥을 쳐서 소리를 내는 이 악기의 이름은 무엇일까요? (   )

07 대금, 소금은 무엇으로 만들었을까요? (   )

08 거문고의 줄은 모두 몇 개일까요? (   )

09 음악이 끝날 때만 연주하는 악기인 어는 이것의 모양을 본떠 만들었습니다. 우리 조상들이 좋아했던 용맹한 이 동물의 이름은 무엇일까요? (   )

10 사물놀이에 쓰이는 악기는 (,   ,   ,   )입니다.

정답 : 16, 돌, ㄱ, 6, 1, 3, 축, 대나무, 6, 호랑이, 꽹과리, 장구, 북, 징

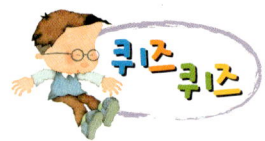

숨은 악기를 찾아봅시다.
다음 그림에서 우리 조상들이 쓰던 악기를 찾아 그 이름을
적어봅시다.

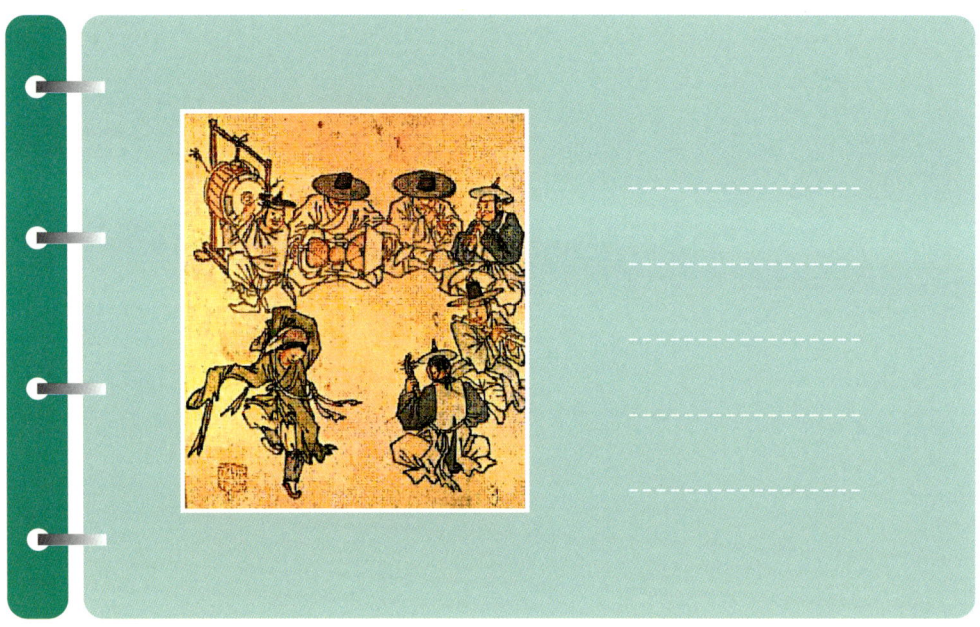

정답 : 장구, 북, 대금, 피리, 해금

룰루랄라 신나는 체험학습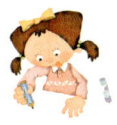

 ## 전통놀이 광장

국립국악박물관 앞에 마련된 전통놀이 광장에서는 투호, 제기차기, 팽이돌리기, 굴렁쇠 굴리기, 줄넘기, 윷놀이 등 다양한 전통놀이를 즐길 수 있습니다. 또한 사물놀이를 배워볼 수 있도록 징, 꽹과리, 북, 장구 등 전통악기도 마련되어 있습니다.

 ## 국립국악원 문화탐방

국립국악원에서는 국악에 대한 모든 것을 배울 수 있는 프로그램을 진행하고 있습니다. 국악원 및 국악기에 대한 설명을 듣고 궁중음악, 민속음악, 전통무용, 민요, 판소리 등 해설이 있는 국악공연을 관람할 수 있습니다. 매주 토요일 오전 10시 30분에서 낮 12시까지 진행되며 초등학교 3학년 이상이면 참가 가능하고 참가비는 1인당 3천 원입니다.　　(문의 : 02-580-3087)

5학년

룰루랄라 신나는 체험학습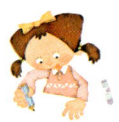

 국립국악박물관 국악체험학습

국립국악박물관에 마련된 국악체험 프로그램으로 한 번에 20명 정도의 인원이 참가할 수 있으며 참가비는 무료입니다. 국악기 소리를 들려주거나 국악 연주 비디오를 보여주며 간단한 악기를 배울 수 있습니다. 7세 이하 어린이는 부모와 함께 참가해야 하며 화요일에서 토요일까지 오전 10시 30분에서 11시, 11시에서 11시 30분, 오후 3시에서 3시 30분, 3시 30분에서 4시까지 하루 네 차례 진행됩니다. 국립국악박물관에서 직접 접수하면 참여할 수 있습니다.

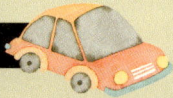

뛰 뛰 빵 빵   박 물 관 을 찾 아 서

| 교통안내 | 일반버스 : 1, 33-1번(국립국악원 소라아파트 앞 하차)
좌석버스 : 42, 56번(국립국악원 소라아파트 앞 하차)
지하철 : 2호선 방배역 1번 출구에서 마을버스 07, 서초 17번(방배
빌딩 하차)
- 3호선 남부터미널역 5번 출구에서 서초 12, 22번
- 4호선 사당역 1번 출구에서 서초 17번
- 7호선 내방역 1번 출구에서 서초 07번

| 관람시간 | 오전 9시~오후 6시
* 휴관일: 매주 월요일, 1월 1일

| 관 람 료 | 무료

| 관람안내 | 주소 : 서울 서초구 서초 3동 700
전화 : (02) 580-3130
인터넷주소 : http://www.ncktpa.go.kr/html/jsp/
NCKTPA/g00_museum/g001_01.jsp

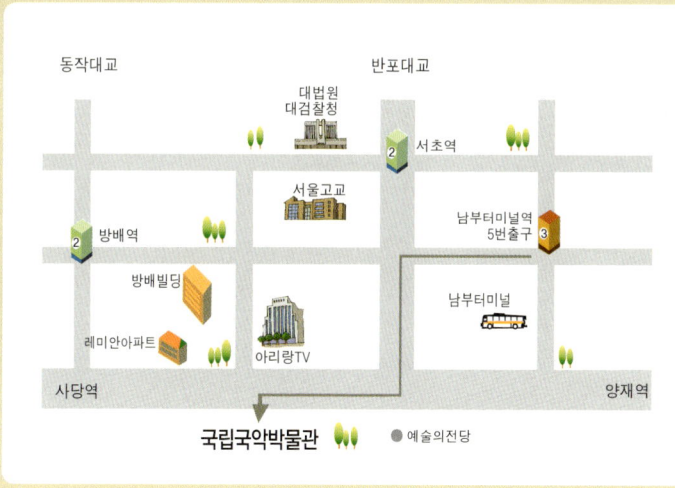

읽어두면 좋아요!
- 하늘잡고 별 따세 (이정란 지음, 보림)
- 얼씨구 국악이야기 들어보세 (김태균 지음, 산하)
- 사물놀이 이야기 (김동원 지음, 사계절)

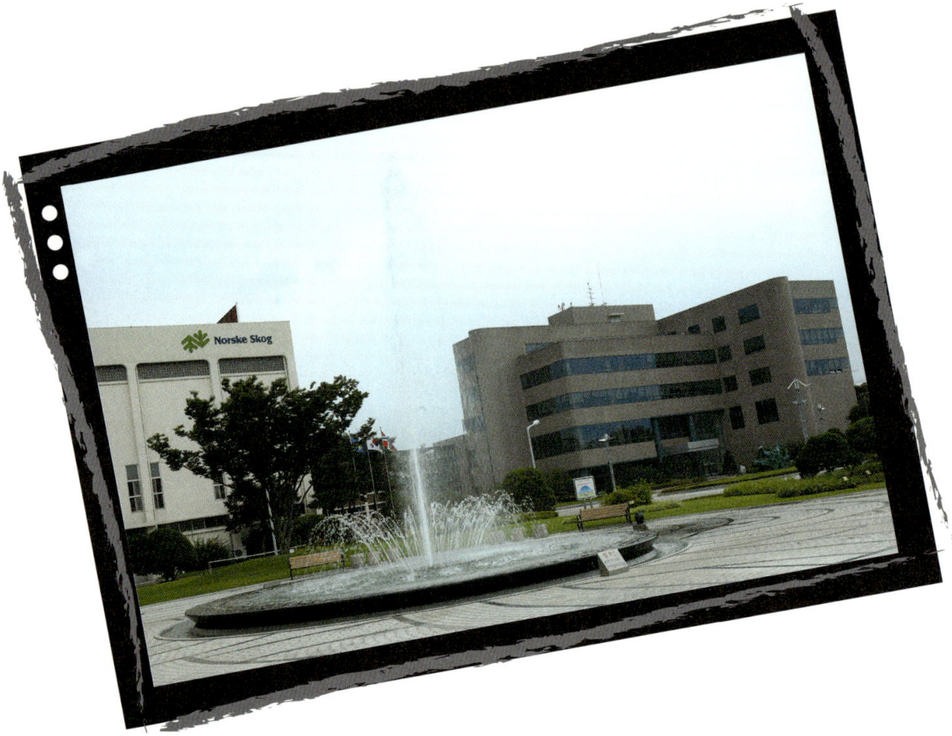

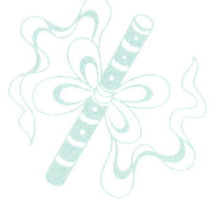

종이 박물관

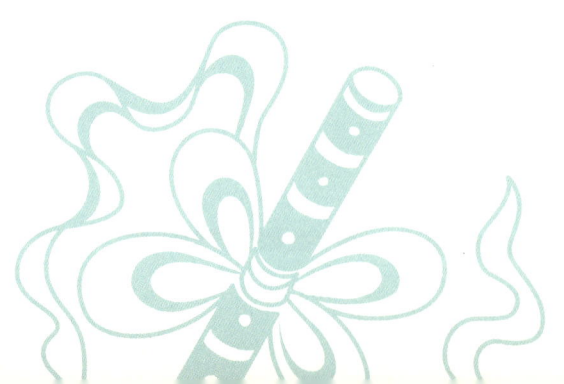

박물관 요모조모

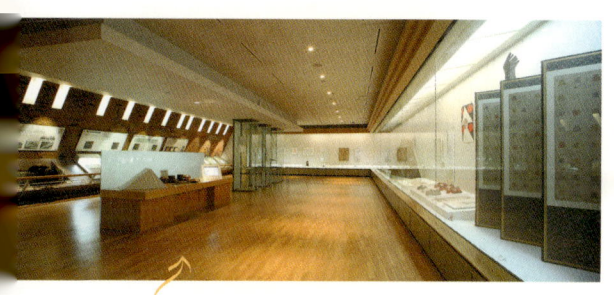
제1전시관

제1전시관

제1전시관은 '종이의 과거' 라는 주제로 다양한 전시가 준비되어 있습니다. 종이가 발명되기 전까지 세계의 문명은 어떻게 발전되어 왔는지 재미있는 영상으로 알기 쉽게 보여주며 세계 각 지역에서 종이가 발명되기 전에 쓰였던 진귀한 유물들도 살펴볼 수 있습니다.

또한 종이가 언제 만들어졌고 어떻게 세계 각국으로 전해졌는지, 종이로 어떤 생활용품을 만들어 썼는지 한눈에 관람할 수 있는 곳입니다.

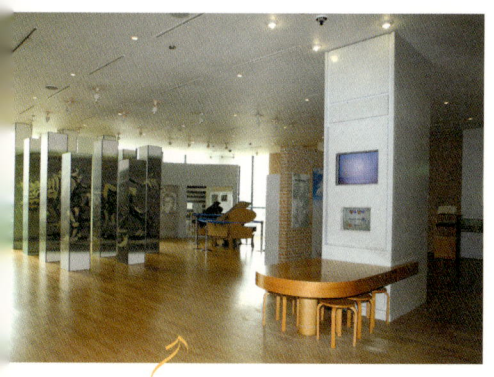
제2전시관

제2전시관

제2전시실은 종이의 현재와 미래에 대해 전시한 곳입니다. 컴퓨터 영상을 따라 '종이접기' 를 할 수 있고, 종이로 꿈과 희망을 보여주었던 안네프랑크, 이중섭, 베토벤 등 여러 인물들도 살펴볼 수 있습니다. 또 제2전시실에서는 '영원한 친구' 라는 애니메이션을 통해 종이가 사람에게 얼마나 친근하고 필요한 물건인지 보여줍니다.

185

한지체험관

우리나라 한지의 종류와 발달사 등 한지에 대한 모든 것을 설명해 주는 곳입니다. 전통적인 한지를 뜨는 과정을 그대로 재현하여 어린이들이 실제로 한지를 만들어 볼 수 있는 체험활동 공간입니다.

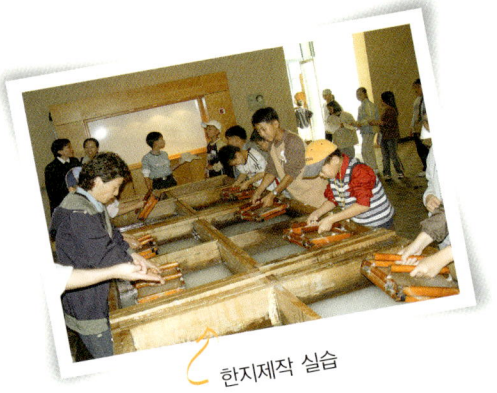
한지제작 실습

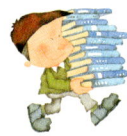

이야기 보따리

종이가 나오기 전에는 어떤 재료가 쓰였을까요?

| 파피루스 | 기원전 3100년경 이집트 유역에서는 파피루스라는 식물을 종이 대신 사용하였습니다. 파피루스는 당시 이집트와 북아메리카 지역에서 살던 식물로 이미 많은 생활용품, 건축재료로 쓰였습니다. 이집트 사람들은 파피루스의 뿌리 윗부분을 밀가루나 진흙, 식초로 깨끗하게 씻어 종이 대신 썼다고 합니다. 파피루스는 이집트에서 지중해와 유럽의 여러 지역으로 수출되어 종이 대용으로 많이 쓰였습니다. 오늘날 종이를 뜻하는 Paper라는 말도 파피루스(Papyrus)에서 나왔다고 하니 얼마나 많이 사용되었는지 짐작이 가지요?

룰루랄라 신나는 체험학습

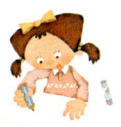

 부모님과 함께 말놀이하기

종이박물관으로 가면서 부모님과 함께 재미있는 게임을 해볼까요? 우리 주변에는
종이로 만든 물건이 아주 많이 있죠? 종이로 만든 물건이름대기 게임을 해봅시다.
말을 주고받다가 머뭇거리는 사람이 지는 게임이에요. 준비~ 시작!

 **종이로 만든 물건 써보기**

| 양피지 | 종이가 나오기 전에 소, 양, 새끼 염소의 가죽으로 만든 양피지를 종이 대신 사용했습니다. 소나 양가죽을 벗겨 깨끗이 씻은 다음 털을 뽑고 석회로 표백을 합니다. 이렇게 준비한 가죽을 돌로 갈아서 얇고 부드럽게 만들면 양피지가 됩니다. 이 양피지는 파피루스나 처음 나온 종이보다 질기고 오랫동안 보관할 수 있었지만 너무 무겁고 비싸서 종이가 나온 이후로 점점 사용하지 않았다고 합니다. 100페이지 분량의 책 한 권을 만들려면 10마리의 양이 필요하였다고 하니 비쌀 만하지요?

| 갑골과 죽간 | 종이가 나오기 전, 중국에서는 동물의 뼈에 기록을 하였습니다. 거북의 등이나 짐승의 뼈(갑골)에 글자를 기록하는 것을 갑골문자라 불렀습니다. 갑골에 구멍을 뚫고 불꽃을 갖다대면 나타나는 무늬로 점을 치기도 하였습니다.

이 밖에 대나무에 기록을 하기도 했는데 이것을 '죽간'이라고 했습니다. 대나무를 가열하여 기름을 빼고 껍질을 제거하여 만들었는데 대나무가 나지 않는 지방에서는 나무로 만든 '목간'이 사용되었다고 하네요. 그러나 얇으면서도 질긴 종이가 나오면서 이런 재료들은 점점 쓰이지 않았답니다.

한지는 어떻게 만드나요?

한지는 닥나무라는 식물로 만듭니다. 닥나무는 키가 4미터가 넘는 식물인데 한지를 만들 때는 닥나무의 밑동을 씁니다. 닥나무의 밑동을 잘라 가마솥에 푹 찐 다음 껍질을 벗겨냅니다. 이것을 잘 말린 후 물에 담가 검은 부분을 잘 긁어냅니다. 색깔을 하얗게 하기 위해서 석회와 재를 넣고 끓여서 말립니다. 이런 준비를 끝내고 돌이나 방망이로 두드리면 잘게 부서집니다. 이것을 물에 넣고 발로 떠서 말리면 한지가 완성됩니다. 종이박물관에서는 직접 한지 만드는 체험을 할 수 있습니다. 돌로 두드려 부드럽게 하는 작업과 발로 뜨는 작업을 해볼 수 있습니다. 다 만든 한지는 집으로 가지고 갈 수 있다니 꼭 한번 해봐야겠지요.

최고의 종이였던 우리 종이, 한지

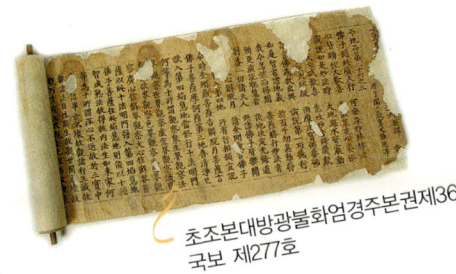

초조본대방광불엄화엄경주본권제36
국보 제277호

우리나라와 중국, 일본 등은 똑같이 닥나무를 이용해서 종이를 만들었습니다. 그러나 중국의 종이는 닥나무의 껍질을 사용해 질기지가 않았고 일본의 종이는 만드는 방법의 차이로 질기지가 않

았습니다. 닥종이는 보기에는 연해 보여도 질기고 부드럽기까지 해서 최고의 종이로 쳤다고 합니다. 이런 한지의 우수성은 일찍부터 알려져 신라시대에 이미 많은 양의 종이가 중국으로 수출되었다고 하니 우리 한지의 우수성을 짐작할 만합니다.

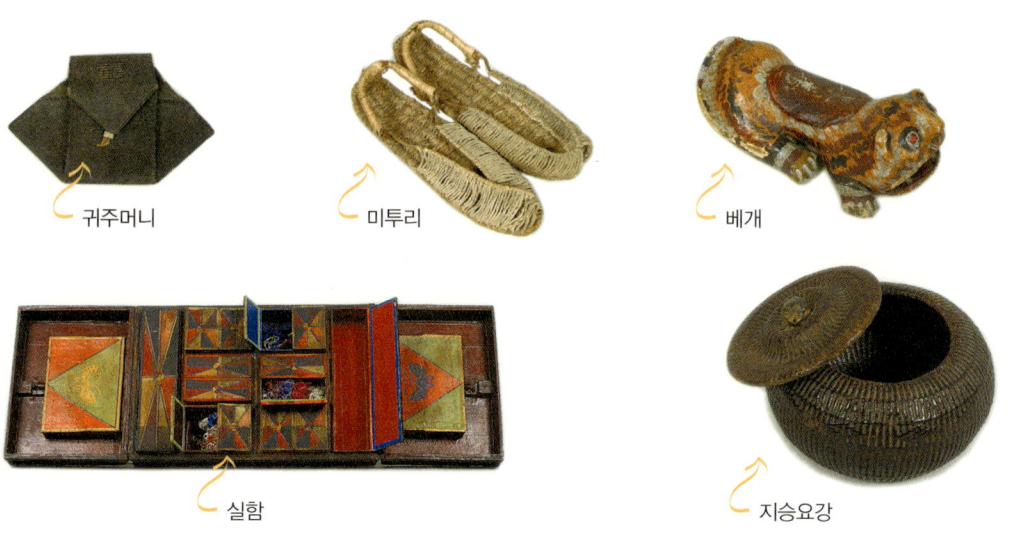

귀주머니 　 미투리 　 베개 　 실함 　 지승요강

한지로 만든 여러 가지 생활용품

룰루랄라 신나는 체험학습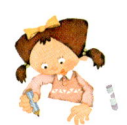

 상상해서 글쓰기
만약에 종이가 없다면 어떤 일이 생길지
간단히 써봅시다.

예 : 책이 없어서 공부를 할 수 없다.

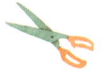 재미있는 종이접기

종이박물관에서 만든 종이접기를 붙여봅시다.

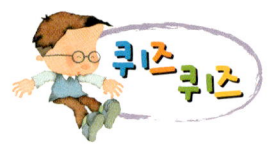

종이박물관에서 상영하는 '종이요정'을 잘 보고 다음 퀴즈를 풀어보세요.

종이가 만들어지는 과정을 잘 가르쳐 주는 '종이요정.'

종이박물관에서 상영하는 '종이요정'은 종이가 만들어지는 과정을 보여주는 재미있는 동영상입니다.

01 종이는 무엇으로 만드나요?

02 여러 가지 나무들은 다음과 같은 과정을 거쳐 종이가 됩니다. 알맞은 말을 써넣으세요.

> ❶ 나무를 잘라 껍질을 벗깁니다.
> ❷ 껍질 벗긴 나무를 쇄목기에 넣어 (　　)처럼 만듭니다.
> ❸ 정선기를 통해 좋은 원료만 골라냅니다.
> ❹ 골라낸 원료는 종이를 만들기 적당하게 (　　)시킨 후 표백합니다.
> ❺ 종이를 떠서 탈수, 압착 건조시키면 종이가 됩니다.

03 참나무, 옻나무들은 종이가 된 후 무엇이 되고 싶다고 했나요?

정답 : 1. 나무 2. 죽, 농축 3. 책, 도화지, 색종이, 악보

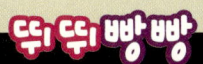 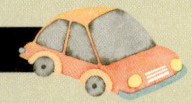

박 물 관 을 찾 아 서

| 교통안내 | 전주 톨게이트 → '군산/월드컵 경기장' 이라고 쓰인 이정표를 따라 나감 → 사거리 신호등에서 좌회전 후 직진 → 호남제일문을 지나 전주 방향으로 직진 → 철길을 지난 후 7층 건물을 끼고 우회전

| 관람시간 | 화요일~일요일 : 오전 9시 ~ 오후 5시
* 휴관일 : 매주 월요일, 1월 1일, 설 연휴, 추석 연휴

| 관 람 료 | 무료

| 관람안내 | 주소 : 전주시 덕진구 팔복동 2가 180
전화 : (063) 210-8103

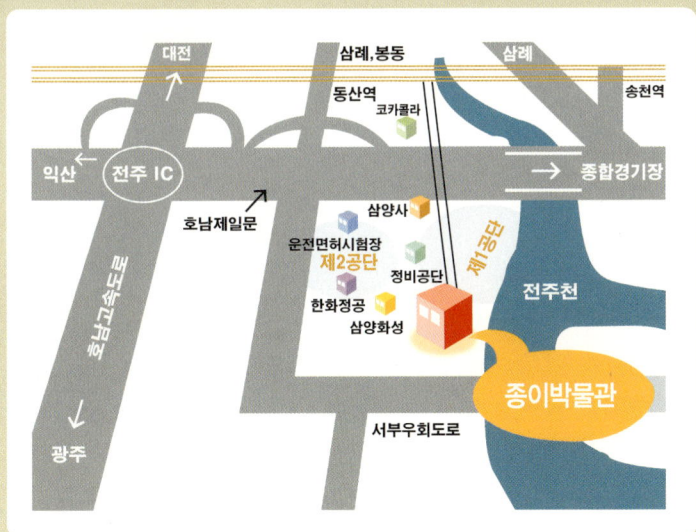

읽어두면 좋아요!
- 한지돌이
(이종철 지음, 보림)

5학년

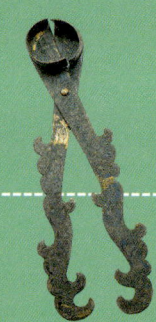

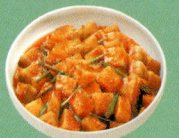
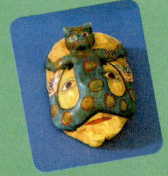
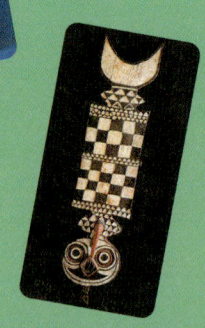

6 학년을 위한

박물관

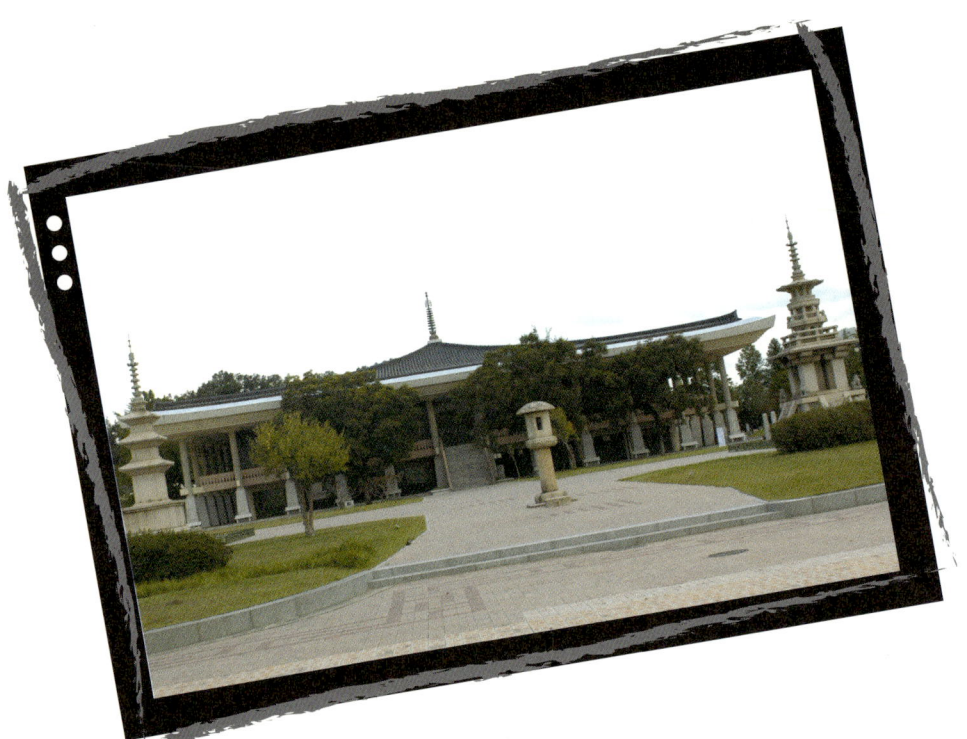

국립경주박물관

재미가 솔솔 성적이 쑥쑥

● 6학년 1학기 사회 : 신라의 삼국통일 과정 알아보기, 신라시대의 문화재 조성하기

박물관 요모조모

고고관

　고고관에는 선사시대에서부터 원삼국시대까지 유물과 천마총, 황남대총 등 신라고분에서 발견된 유물이 전시되어 있습니다. 화려한 금관과 신라의 아름다운 장신구 등을 볼 수 있으며 빗살무늬 토기도 살펴볼 수 있습니다. 또 국은 이양선 박사가 기증한 말탄무사 모양토기 등 국보급 문화재들이 전시되어 있는 곳입니다.

미술관

　미술관에서는 신라와 통일신라의 아름다운 조각품, 금속 공예품을 볼 수 있습니다. 이곳에는 다양한 부처님 상과 금으로 만든 화려한 사리함, 사리기 등이 많이 전시되어 있습니다. 황룡사실에서는 황룡사터에서 발견된 화려한 기와와 여러 유물들을 볼 수 있습니다. 불교는 신라와 통일신라에 어떤 영향을 미쳤을까요? 이 전시실을 둘러보며 잘 생각해 봅시다.

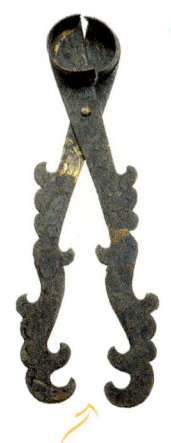

안압지관

　안압지관은 안압지에서 출토된 여러 유물 중에서 훌륭한 것들만 700여 점 모아놓은 곳입니다. 당시 통일신라시대의 왕이나 귀족들이 쓰던 생활용품들을 전시해 놓았습니다. 도깨비 모양의 기와와 사자 모양의 향로 뚜껑, 여러 기하학적인 무늬가 찍혀있는 토기와 금동가위 등이 잘 전시되어 있습니다. 안압지는 어떤 곳이고 통일신라는 어떤 나라였을지 이 전시관을 둘러보면 더욱 궁금해질 거예요.

금동가위

옥외전시관

옥외전시장에서는 에밀레종이라고 불리는 성덕대왕 신종은 물론, 고선사터 삼층석탑 등 국보급 석조유물들이 전시되어 있습니다. 또한 분황사 우물에서 나왔다는 20여 개의 불상과 통일신라의 대표적인 탑인 고선사지 삼층석탑, 돌로 만든 석등과 거북이 모양의 비석받침 등 돌로 만든 유물들이 가득합니다. 신라 사람들의 돌 다루는 기술이 눈부시게 빛나는 곳입니다.

이야기 보따리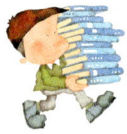

황남대총 금관장식

화려하고 아름답기로 유명한 이 금관은 경주시 황남동에 있는 신라 무덤인 황남대총에서 발견되었습니다. 지금껏 발견된 금관 중 가장 높은 금관으로 여왕이 쓰던 것이라고 합니다.

이 황남대총 금관의 중앙은 마치 '山' 자 모양을 3개 쌓아 올린 모습을 하고 있고 양 끝은 사슴뿔 모양의 장식이 되어있습니다. 푸른색을 띠는 굽은 모양의 옥(곡옥)으로 금관을 장식하였고 여러 개의 동그란 금장식(금환)으로도 꾸며놓았답니다. 실제로 금관을 쓰고 움직이면 이런 곡옥과 금환들이 흔들리면서 아름다운 소리를 냈다고 합니다.

이런 화려한 금관의 주인은 사실 무당과 같은 제사장이었습니다. 금관에 붙어 있는 곡옥도 짐승의 발톱이나 이빨을 상징하는 것으로 나쁜 일을 물리치고 인간을 보호한다는 의미를 가지고 있습니다. 또 금관의 '山' 자 모양을 3개 쌓아 올린 모양은 사실 자작나무를 나타냅니다. 이 나무는 예로부터 신의 나무라고 믿어져 무당의 상징이기도 했습니다. 이렇듯 신라의 지배자들은 하늘과 인간을 이어주는 무당이었고 금관은 하늘에 제사를 지낼 때 썼던 제사용 기구였던 것이지요.

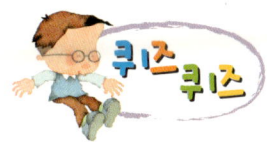

황남대총 금관장식에는 곡옥이 모두 몇 개 달려있을까요?

'山' 자 모양 - (   ) 개
사슴뿔 모양 - (   ) 개
머리띠 - (   ) 개

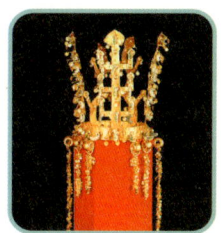

슬픈 전설이 담긴 성덕대왕 신종

성덕대왕 신종은 우리나라에 남아있는 종 중 가장 큰 종으로 알려져 있습니다. 높이가 3.75m에 무게가 18.9톤이나 되니 그럴 만도 하겠지요. 이 종은 신라의 경덕왕이 아버지를 위해 만들려고 애쓰다가 뒤를 이은 혜공왕에 의해 717년에 완성되었습니다.

이 종은 에밀레종이라고 불리기도 하는데 다음과 같은 전설이 내려옵니다. 신라의 경덕왕이 봉덕사에 아버지를 위해 종을 만들라고 명령했습니다. 신라의 유명한 장인이 크고 아름다운 종을 만들었지만 이 종에서 소리가 나지 않았다고 합니다. 경덕왕은 아무래도 정성이 부족해서 소리가 나지 않는다고 생각해서 스님들에게 전국을 돌며 시주를 받아 종을 만드는 데 정성을 드리라고 했다고 합니다. 그러던 어느 날 봉덕사의 주지 스님은 이상한 꿈을 꾸었습니다. 스님이 며칠 전 시주하러 갔던 집의 아이를 종을 만들 때 넣어야 한다는 꿈이었습니다. 스님은 그 사실을 알리고 어린아이를 시주받으러 가자 어머니가 울면서 아이를 시주했다고 합니다. 그 이후로 이 종을 칠 때마다 아이의 울음소리 같은 "에밀레 에밀레(에미 때문에)"라는 소리가 났다고 하네요. 아이를 시주하여 끓는 쇳물에 넣어야 했던 그 어머니의 마음은 얼마나 아플까요? 성덕대왕 신종을 다시 한번 보게 되는군요.

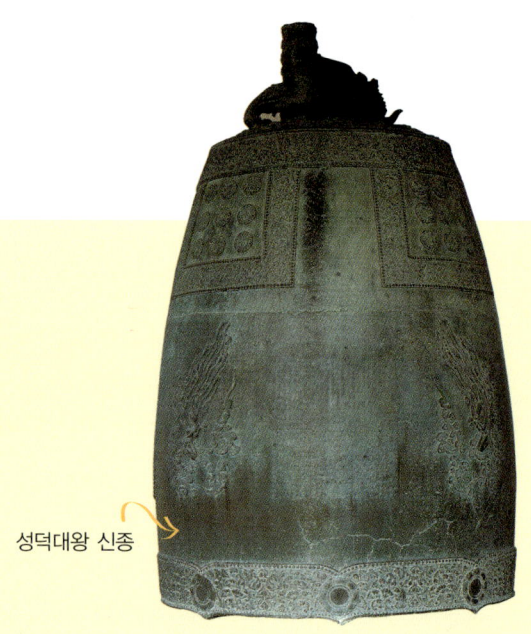

성덕대왕 신종

상감유리목걸이

이 유리목걸이를 자세히 보세요. 경주 미추왕릉 지구에서 출토된 이 목걸이의 가운데에 예쁜 파란 구슬이 있죠? 이것은 지름이 1.8cm도 되지 않는 작은 구슬이지만 사람 얼굴과 구름, 나무, 새 등이 새겨져 있습니다.

사람 얼굴을 자세히 볼까요? 입술은 빨갛고 눈동자는 파랗고 눈썹은 붙어있어서 마치 외국인의 얼굴 같습니다. 신라 사람들은 어떻게 이런 작은 유리구슬에 섬세한 무늬들을 새겨 넣을 수 있었을까요? 신라 사람들의 놀라운 공예기술을 알 수 있는 유물입니다.

상감유리목걸이

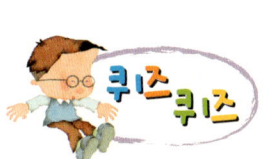

퀴즈 퀴즈 **상감유리목걸이에 새겨진 사람은 모두 몇 명인가요?**

상감유리목걸이에 새겨진 나무는 (   )그루이고 새는 (   )마리이고 구름은 (   )개 입니다.

6학년

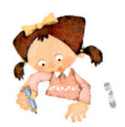

룰루랄라 신나는 체험학습

 성덕대왕 신종을 살펴보세요.

01 성덕대왕 신종에는 어떤 무늬가 있는지 찾아봅시다.

02 성덕대왕 신종을 매다는 고리는 무엇으로 장식되어 있나요?

정답 : 1. 연꽃, 구름, 비천상 등 2. 용

불국사

불국사와 김대성

신라 역사에 대해 많이 공부한 어린이라면 김대성에 대해 잘 알 것입니다. 김대성은 신라의 유명한 인물로 불국사, 석굴암 등 큰 절을 지은 사람이기도 합니다.

김대성은 많은 사연들을 가지고 태어났습니다. 매우 가난한 홀어머니 밑에서 태어난 김대성은 부잣집의 머슴으로 일했다고 합니다.

그러던 어느 날 일을 하다가 주인인 복안이 스님에게 베 50필을 시주하는 것을 보았습니다. 그 시주를 받고 기뻐하시던 스님께서 복안에게 '한 가지 시주를 하면 억만 배의 복을 받을 것이다'라고 이야기를 합니다. 그 말을 들은 김대승은 바로 집으로 뛰어가서 스님께 전 재산을 시주하게 됩니다.

그런데 기가 막히게도 김대승은 시주하고 며칠 뒤 죽게 됩니다. 그런데 그날 신라의 재상이었던 김문량은 하늘에서 '모량리의 김대승이 너의 집에 태어날 것이다'라는 소리를 들었습니다. 이를 이상하게 여긴 재상 김문량은 모량리에 사람을 보내어 알아보게 하였더니 김대승이라는 아이가 오늘 죽었다는 게 아니겠어요? 그런데 바로 그날부터 김문량의 부인에게 태기가 있어 곧 아들을 낳았습니다. 아기가 왼손을 일주일 동안 꼭 쥐고 있다가 폈는데 손바닥에 김대승이라고 금으로 쓰인 글자가 있었다고 합니다. 이 이야기는 아주 유명하지요? 김문량은 태어난 아이가 모량리의 김대승이라는 것을 알고 이름을 대성이라 짓고, 그의 어머니였던 경조부인도 모셔와 오순도순 살았다고 합니다.

불국사는 바로 현생의 부모님을 위해 김대성이 지었던 절입니다. 그러나 김대성이 완성하지 못하고 죽자 나라에서 마무리하여 완성하였다고 합니다.

불국사는 다보탑과 석가탑, 청운교, 백운교, 연화교, 칠보교 등 훌륭한 국보급 문화재가 있는 곳입니다. 불국사를 천천히 거닐면서 옛 신라의 정취를 느껴보세요.

불국사에 있는 아름다운 석탑

다보탑

10원짜리 동전에 있는 다보탑은 알게 모르게 많이 보았던 문화재입니다. 다보탑은 통일신라시대에 만들어진 화강석 석탑으로 불국사 경내에 위치해 있습니다. 사각의 기와집 앞에 놓인 돌사자는 원래 네 마리였다고 합니다. 그러면 지금은 몇 마리인지 한번 찾아보세요.

석가탑

다보탑과 마주 보고 있는 이 탑은 무영탑이라고도 합니다. 역시 다보탑과 같은 시기에 만들어진 돌탑으로 그 모습이 단아하고 아름답습니다. 이 탑에는 아사달과 아사녀의 슬픈 사랑 이야기가 전해져 내려옵니다.

아사달은 다보탑과 석가탑을 만든 기술자였습니다. 아사녀는 그의 아내였는데 아사달이 너무 보고 싶어 석가탑을 만들고 있는 아사달을 찾아갑니다. 그러나 불국사의 주지 스님께서 일이 끝나기 전에 부인을 만나면 정성이 부족해질 수 있으니 석가탑을 다 만들 때까지 영지라는 연못에서 기다리라고 합니다. 며칠을 그곳에서 기다리던 아사녀는 연못 속에서 완성된 석가탑의 환영을 보고 너무 반가운 나머지 연못에 빠져들게 됩니다. 석가탑을 다 만들고 아사녀를 보러 온 아사달도 아내가 빠진 것을 알고 그녀가 빠진 연못으로 뛰어들었다는 이야기입니다. 연못 속에서 다시 만난 그들의 사랑은 이루어졌을까요?

김유신 장군묘

김유신은 삼국을 통일한 신라의 유명한 장군이었지요. 김유신 장군의 묘는 직경이 30m나 되는 큰 무덤입니다. 이 무덤을 자세히 살펴보면 무기를 들고 있는 12마리의 동물들이 있는 것을 볼 수 있습니다. 이 동물들을 십이지(十二支)라고 하지요.

이 십이지에는 다음과 같은 재미있는 이야기가 내려옵니다. 옛날 하느님께서 정월 초하루 아침에 모든 동물들에게 세배하러 오라고 했습니다. 12등까지 상을 주고 특별히 1등에게는 일등상을 준다고 하자 모든 동물들이 세배하러 가려고 부지런히 준비했습니다. 부지런하고 우직하기로 둘째가라면 서러운 소는 남보다 일찍 가기 위해 그믐날 밤에 출발했다고 합니다. 그런데 이것을 본 영리한 쥐가 소 등에 잽싸게 올라타 하늘문이 열리자마자 뛰어내렸다고 합니다. 그래서 1등은 쥐, 2등은 소, 그 뒤를 이어 호랑이, 토끼 등 발 빠른 동물들이 도착했다고 하네요. 몰래 소 등에 타서 1등 한 쥐를 영리하다고 해야 할지, 얌체 같다고 해야 할지 모르겠군요.

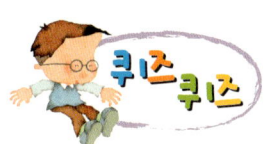

퀴즈 퀴즈

**십이지는 어떤 동물들을 말할까요?
12가지의 동물을 순서대로 써보세요.**

( )(자), ( )(축), ( )(인), ( )(묘),

( )(진), ( )(사), ( )(오), ( )(미),

( )(신), ( )(유), ( )(술), ( )(해)

정답 : 쥐(자), 소(축), 호랑이(인), 토끼(묘), 용(진), 뱀(사), 말(오), 양(미), 원숭이(신), 닭(유), 개(술), 돼지(해)

6학년

룰루랄라 신나는 체험학습

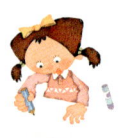

🎨 김유신에 관한 일화를 찾아 8컷 만화로 꾸며봅시다.

206 국립경주박물관

안압지

신라는 삼국을 통일한 직후 화려하고 아름다운 궁전을 만들었는데 안압지도 그 당시(674년)에 만들어진 것입니다. 이 안압지에는 인공으로 만든 크고 아름다운 연못과 12봉우리가 있습니다. 이 연못은 어느 곳에서 바라보더라도 못 전체가 한눈에 들어오지 않게 설계되어 연못이 엄청 길게 보인다고 합니다. 또 안압지의 연못에는 세 개의 인공섬까지 만들어 놓고 진귀한 동물과 아름다운 꽃과 나무로 장식했다고 하니 실제 모습은 얼마나 화려했을까요?

안압지의 원래 이름은 월지(月池)였다고 합니다. 연못에 비친 달을 감상하기 좋은 곳이어서 그런 이름이 붙여졌다고 추정되고 있습니다.

그럼 안압지란 이름은 어떻게 해서 붙여진 것일까요? 조선의 한 선비가 옛날의 화려한 모습을 잃고 갈대가 무성하고 기러기와 오리만 날아다니는 연못을 보고 안압지라 불렀고 그 이름이 지금까지 쓰인다고 합니다. 국립경주박물관의 안압지관에 가보세요. 먼 옛날 통일신라시대의 왕족과 귀족들이 얼마나 화려하고 아름답게 살았는지 느낄 수 있습니다. 그러나 인공으로 연못과 봉우리까지 만들어 아름답게 장식했던 궁궐도 세월이 흘러 기러기와 오리만 날아다니고 그 자취를 알 수 없게 되었습니다. 세상에는 영원한 것이 없나 봐요? 안압지관을 둘러보며 생각해 봅시다.

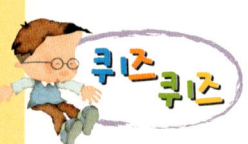

한자 뜻을 알아봅시다.
안압지의 한자를 찾아 써보세요.

안(雁) – (　　　) 안, 압(鴨) – (　　　) 압, 지(池) – (　　　) 지

정답 : 기러기, 오리, 연못

6학년

207

석굴암

경주하면 빼놓을 수 없는 곳이 석굴암입니다. 국보 제24호이며 세계문화유산으로 지정되기도 한 석굴암은 토함산의 중턱에 있으며 동해를 바라보고 있습니다.

불국사와 석굴암은 모두 김대성에 의해 만들어진 사찰입니다. 불국사는 현생의 부모님을 위해, 석굴암은 전생의 어머니 경조부인을 위해 만들었다는 이야기가 전해져 내려옵니다. 그러나 한편으로는 김대성이 삼국을 통일하는 과정에서 희생되었던 많은 백제와 고구려인들을 위해 참회하는 마음으로 지었다는 이야기도 전해집니다.

석굴암의 바위벽에는 여러 가지 불교와 관련된 조각이 새겨져 있습니다. 특히 정면에 있는 석가여래부처님 상의 신비로운 미소는 매우 유명합니다. 원래 이 부처님 상의 이마에는 구슬이 박혀져 있어 동해의 햇빛을 받으면 마치 살아있는 것처럼 환히 빛났다고 하는데 지금은 도둑맞아 없다고 하니 참 안타깝지요? 소중한 우리의 문화유산을 잘 보전할 수 있는 방법을 생각해 보세요.

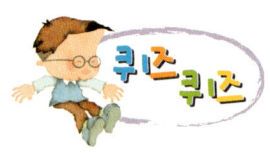 **이 밖의 신라문화재에 대해 알아봅시다.**

01 신라 27대 선덕여왕(632~647년) 때 세워진 천문대로써 천기를 관측하고 별자리를 살피려고 쌓은 문화재입니다. 현재 동양에 남아있는 최고의 천문대인 이 건축물의 이름은 무엇일까요? (   )

02 황룡사의 노송도(老松圖)를 그려 유명한 솔거의 관세음보살상 벽화가 있고 원효 스님과 자장 스님이 살다가기도 한 이곳의 이름은 무엇일까요? (   )

03 밑지름 47m, 높이 12.7m의 원형분(圓形墳)으로 하늘을 나는 말을 그린 그림과 금관 등 많은 유물이 발견된 신라의 고분 이름은 무엇일까요? (   )

정답 : 첨성대, 분황사, 천마총

6학년

룰루랄라 신나는 체험학습

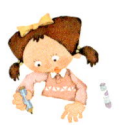

 ## 어린이박물관의 체험학습장

국립경주박물관의 어린이박물관에서는 어린이들의 눈높이에 맞는 다양한 체험학습 프로그램을 진행하고 있습니다. 설화이야기, 토기 맞추기 등의 체험하기 코너와 문화재 맞추기, 왕과 왕비 꾸미기, 신라의 노래, 고대 신라의 여행 등의 공부해 보기 코너, 성덕대왕 신종 프로타주, 무늬를 탁본해 보기, 점토로 무늬찍기 등의 만들어 보기 코너가 있어 재미있게 신라의 문화를 배울 수 있습니다. 체험학습장을 이용하려면 인터넷으로 예약을 해야 합니다. 어린이박물관에서 재미있는 체험학습을 해보세요.

 ## 국립경주어린이박물관 학교

국립경주박물관에서는 3~7월, 9~12월 매주 토요일 초등학생 어린이 4, 5, 6학년을 대상으로 신라 문화 및 역사와 관련된 강의가 있습니다. 2시간 동안 진행되는 이 강의는 실습과 답사로 이루어진다고 합니다.

 ## 체험학습지

국립경주박물관의 홈페이지를 둘러보면 '어린이 워크시트'라는 체험학습지가 있습니다. 이것을 미리 출력해서 가면 재미있게 신라 유물에 대해 배울 수 있습니다.

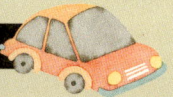

뛰뛰빵빵 박물관을 찾아서

| 교통안내 | 경주 고속버스터미널 또는 경주역에서 11, 600, 603번 이용하여 박물관 앞에서 하차 |

| 관람시간 | 평일 : 오전 9시~오후 6시(입장은 오후 5시까지)
토·일·공휴일 : 오전 9시~오후 7시(입장은 오후 6시까지)
* 4월 1일~10월 31일(7개월간)
  매주 토요일 야간개장 : ~오후 9시(입장은 오후 8시까지) |

| 연일행사 | 성덕대왕 신종 녹음 종소리 : 매시 정각
문화 영화상영: 매시 정각과 30분
 - 신라, 천년의 얼(미술관)
 - 영원한 천년의 나라, 신라(고고관) |

| 관 람 료 | 일반(19세~64세) : 1,000원
청소년(7세~18세) : 500원
* 무료 관람일 : 매월 넷째 토요일, 18세 이하 청소년은 매월 둘째 토요일 |

| 관람안내 | 주소 : 경북 경주시 인왕동 76
전화 : (054) 740-7518, 7538 |

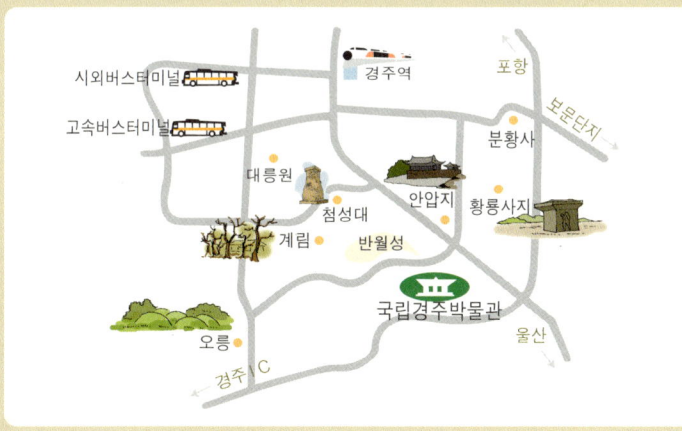

읽어두면 좋아요!

- 우리 아이 첫 경주 여행 (박광일 지음, 삼성당아이)
- 신라를 왜 황금의 나라라고 했나요? (전호태 지음, 다섯수레)
- 동화로 읽는 삼국유사 (손춘익 지음, 우리교육)

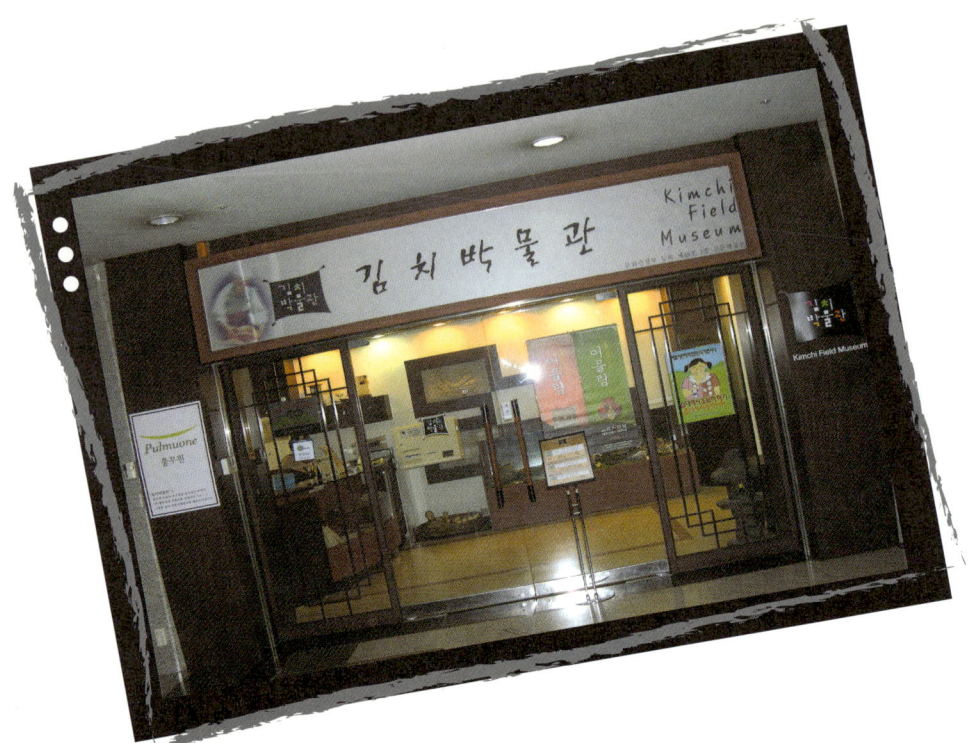

김치 없이 못 살아, 정말 못 살아!

풀무원김치 박물관

재미가 솔솔 성적이 쑥쑥

● 6학년 2학기 사회 : 자랑스러운 우리 문화 – 김치와 기무치

박물관 요모조모

입구 및 상설전시관

장승과 솟대, 장독대로 꾸며진 정감 있는 입구를 지나면 상설전시관이 나옵니다. 김치에 관한 기록이 나오는 책인 동국이상국집이 전시되어 있고 오래전에 우리나라에서 먹었던 김치가 고대에서부터 조선시대까지 시대별로 정리되어 있습니다. 우리나라에 고추가 들어온 지 얼마 되지 않는다고 하죠? 김치에 고추가 들어간 사연도 자세히 설명되어 있습니다.

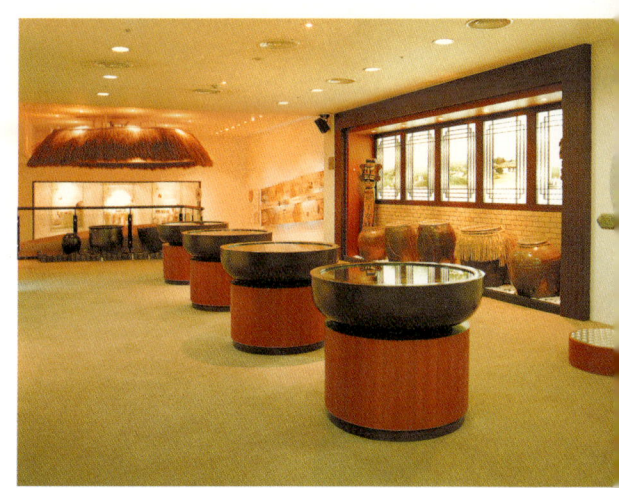

동영상 및 시식체험관

김치의 재료, 지역별 김치에서부터 다양한 김치 저장독, 김치와 관련된 동영상과 그림까지 김치에 관한 모든 것을 모아놓은 곳입니다. 김장모형에서는 김장하는 모습을 작은 인형과 모형들로 재현하여 재미있게 관찰할 수 있습니다. 유산균 관찰 코너에서는 실제 현미경을 사용하여 김치의 살아있는 유산균을 관찰할 수도 있습니다. 사진촬영 코너에서는 한복을 입은 아주머니에게 깍두기를 얻어먹는 사진도 찍을 수 있고 시식시간에 맞춰 시식실에 가면 다양한 김치 맛을 직접 맛볼 수도 있답니다.

자료실 및 교육실

김치공장에서 김치 만드는 모습을 대형화면을 통해 실시간으로 볼 수 있습니다. 자료실에는 다양한 종류의 김치와 전통음식에 관한 책을 볼 수 있도록 준비되어 있습니다. 또한 전통문화 체험학습, 어린이 김치만들기 등 다채로운 교육활동이 진행됩니다.

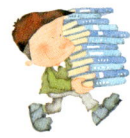

이야기 보따리

김치의 우수성

여러분들은 김치를 좋아하나요? 요즘 어린이들은 김치를 잘 먹지 않는다고 하지요. 하지만 김치는 세계적으로 소문난 발효식품이라는 극찬을 받으며 그 우수성을 인정받고 있습니다. 몇 년 전 중국에서 사스 바이러스가 활발히 퍼졌을 때 김치를 먹으면 바이러스에 걸리지 않는다고 하여 중국에 판매용 김치가 모두 불티나게 팔렸다는 이야기가 있을 정도랍니다. 또한 얼마 전 미국의 건강 전문잡지인 『헬스』지에서 세계의 건강음식 다섯 가지 중 하나로 한국의 김치를 뽑았는데 그 이유는 김치에는 비타민 A, B, C와 소화가 잘 되게 돕는 유산균이 많기 때문입니다. 이 잡지에서는 김치를 토마토와 양파 등을 섞어 아침 식사로 먹으면 좋다고 요리법까지 자세히 소개하고 있습니다. 이렇게 맛도 좋고 건강에도 좋은 김치를 앞으로 많이 먹어야겠죠?

김치란 무엇인가요?

'김치'라는 말은 어디서부터 생겼을까요? 소금에 절인 채소라는 뜻의 한자인 沈菜(침채)가 점점 변하여 팀채, 딤채, 김채로 불리다가 "김치"로 자리 잡게 되었다고 합니다.

이러한 김치는 왜 생겼을까요? 오늘날에는 비닐하우스가 있어서 겨울에도 갖은 채소를 먹을 수 있지만 예전에는 겨울에 채소를 먹기가 힘들었습니다. 특히 곡식을 주로 먹는 우리 조상들은 채소를 먹지 않으면 영양을 충분히 섭취할 수 없었겠죠? 겨울철 동안 충분한 영양을 섭취하기 위해서 우리 조상들은 이미 삼국시대부터 채소를 소금에 절인 김치를 먹었다고 합니다.

옛날 김치와 오늘날 김치

오늘날 김치는 고춧가루가 많이 들어가 빨갛지만 옛날의 김치는 백김치처럼 고춧가루가 거의 들어가지 않았습니다. 18세기부터 우리나라에 고추가 널리 사용되었으므로 그전의 김치는 채소를 소금에 절인 음식이었던 거죠. 김치에 고춧가루가 들어가면 빨리 시지 않기 때문에 그 후로는 짜지 않은 김치를 먹을 수 있었습니다. 고춧가루가 없었던 옛날 김치는 매우 짰다고 합니다.

냉장고 없이 김치를 어떻게 보관했나요?

우리나라의 날씨는 여름에는 너무 덥고 습하며, 겨울에는 춥고 건조해서 음식을 보관하기가 어려웠습니다. 그래서 여름에는 시원하고 겨울에는 따뜻하게 해

주는 흙을 김치 보관에 이용했습니다. 흙은 온도뿐만 아니라 습도도 알맞게 조절해 주어서 김치가 잘 익을 수 있었다고 합니다.

또 더운 여름에는 이중독이라는 그릇을 사용했습니다. 이 그릇은 항아리의 입구에 물이 흐를 수 있는 턱을 내어 냇물이 이 턱의 주위를 돌아 흐를 수 있게 만든 것으로 냇물에 담가놓고 사용하였습니다. 시원한 계곡물로 자연냉장고를 만들어 썼던 조상님들의 지혜가 돋보입니다. 이 이중독은 김치박물관에서 볼 수 있으니 꼭 한번 찾아보세요.

계절마다 색다르게 먹었던 김치

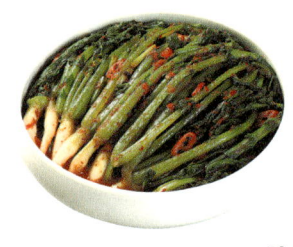

김치는 보통 계절 채소를 이용하는 맛김치와 신선한 채소가 귀한 겨울철에 담그는 김장김치로 나눌 수 있습니다. 봄에는 나박김치, 햇배추김치를, 여름에는 오이소박이, 열무김치, 가을철에 들어서면서 통배추김치, 깍두기, 알타리김치 등을 담고, 동지 전후는 김장으로 겨울을 난다고 합니다.

특색 있는 지역별 김치

우리나라는 남북의 기온차가 커서 음식도 지역마다 다양했습니다. 이런 다양한 기후로 김치도 지역별로 여러 가지 맛을 가지게 되었습니다.

함경도와 평안도 같은 지방은 겨울이 길고 추워서 김치가 싱겁고 시원한 맛이 났습니다. 특이하게도 평안도에서는 김치에 고기국물을 넣기도 하였으며 고춧가루를 적게 쓰는 백김치나 동치미 등을 많이 담갔습니다. 함경도에서는 젓갈은 조금만 사용하고 콩나물로 김치를 담그기도 했습니다.

반면 날씨가 더운 전라도와 경상도 등 남쪽 지방에서는 김치에 젓갈이나 소금,

양념을 많이 넣어 맵고 짠 김치를 담갔습니다. 만약 북쪽 지방과 같이 싱겁고 시원하게 김치를 담갔다면 금방 김치가 시었을 거예요.

총각김치라고 불리게 된 이유

옛날의 서울이었던 한양에는 사대문이라는 큰 대문이 있었다고 합니다. 오늘날 서울에서 볼 수 있는 남대문, 동대문 등이 그 흔적이지요. 예전에 사대문 안에는 사대부와 양반들이 주로 살았고 사대문 밖에는 가난한 백성들이 살았다고 합니다. 사대부들은 크고 좋은 무만 골라 김치를 담갔고, 못생기고 작은 것들은 문밖으로

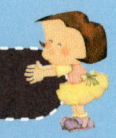

버렸다고 합니다. 가난한 사람들이 그것을 주워 김치를 담가 먹었는데 그 무의 모양이 거지 총각들이 머리를 풀어헤친 것 같다 하여 '총각김치'라는 이름이 붙었다고 하네요. 총각김치가 거지 총각들의 머리 모양에서 나온 말이었다니 신기하죠?

룰루랄라 신나는 체험학습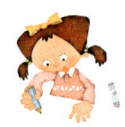

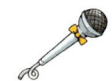 엄마 아빠와 함께 재미있게 불러봅시다.

김치주제가

만약에 김치가 없었더라면 무슨 맛으로 밥을 먹을까?

진수성찬 산해진미 다 차려놔도 김치가 없으면 왠지 허전해,

김치 없인 못 살아, 정말 못 살아, 나는 나는 너를 못 잊어,

맛으로 보나 향기로 보나 빠질 수 없지 입맛을 바꿀 수 있나,

룰루랄라 신나는 체험학습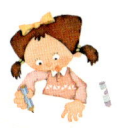

 ## 광고 만들기

우리나라는 김치 종주국입니다. 세계인들이 우리의 김치를 즐겨 먹을 수 있게 하는 방법은 없을까요? 김치를 소개할 수 있는 좋은 생각을 적어보고 광고를 만들어 봅시다.

김치에는 어떤 재료가 들어갈까요?
김치박물관에서 찾아 써봅시다.

6학년

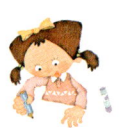

룰루랄라 신나는 체험학습

 현미경으로
살아있는 유산균을 관찰하고 그려봅시다.

 내가 알고 있는 김치의 종류를 써봅시다.

룰루랄라 신나는 체험학습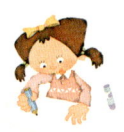

✏️ 김치박물관을 관람하면서 새로 알게 된
김치 종류를 써봅시다.

✏️ 김치로 만들 수 있는 여러 가지 음식을 적어봅시다.

🔍 김치박물관을 관람한 뒤 김치박물관 사이트에 있는
김치 퀴즈를 풀어보세요.
김치박물관 안에 답이 다 있답니다.

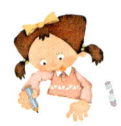

룰루랄라 신나는 체험학습

 김치로 여러 가지 음식을 만들어 봅시다.

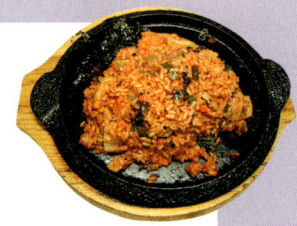

김치볶음밥

재료 및 분량 : 쌀 1컵, 배추김치 200g, 돼지고기 50g, 마늘 1쪽, 파 1/3뿌리, 식용유 2큰술, 깨소금 1작은술, 참기름 1작은술, 설탕, 소금, 후춧가루 약간씩

만드는 방법 :
1_ 쌀은 30분~1시간 전에 미리 씻어 건져두었다가 같은 양의 물을 붓고 고슬고슬하게 밥을 짓는다.
2_ 배추김치는 속을 대충 털어내고 잘게 썰어놓는다.
3_ 돼지고기는 살코기로 준비하여 김치와 비슷한 크기로 잘게 썬다.
4_ 파는 뿌리를 잘라내고 벗겨 깨끗이 씻은 다음 다지듯 잘게 썰고, 마늘은 껍질을 벗겨 곱게 다진다.
5_ 썰어놓은 김치와 돼지고기에 다진 파, 마늘과 설탕, 깨소금, 참기름, 후춧가루를 넣고 양념한다.
6_ 팬에 기름을 두르고 뜨겁게 달구어지면 양념한 김치와 돼지고기를 넣어 고기가 익고 맛이 어우러질 때까지 볶는다.
7_ 고기가 완전히 익었을 때 식용유를 조금 더 넣고 밥을 넣어 눈지 않도록 주걱으로 잘 저어가며 볶는다. 밥이 윤기 나게 볶아지면 맛을 보고 소금으로 간한다.

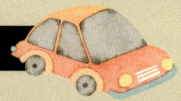

교통안내	① 버스
	간선 : 143, 301, 360, 363, 401, 730번
	지선 : 2413, 3412, 3417, 3422, 4420, 9407번
	순환 : 강남 06, 강남 10번
	광역 : 9407, 9413번
	좌석 : 732번을 이용하여 삼성역 앞에서 하차
	② 지하철 2호선을 타고 삼성역에서 내려 5, 6번 출구 사이 코엑스몰 → 아셈약국 → 에스컬레이터를 타고 지하 2층

관람시간	화요일~일요일 : 오전 10시~오후 6시(입장은 오후 5시 30분까지)
	* 휴관일 : 월요일, 신정, 구정, 추석, 성탄절

관 람 료	성인 : 3,000원　초중고생 : 2,000원　유아 : 1,000원

관람안내	주소 : 서울특별시 강남구 삼성동 159
	전화 : (02) 6002-6456

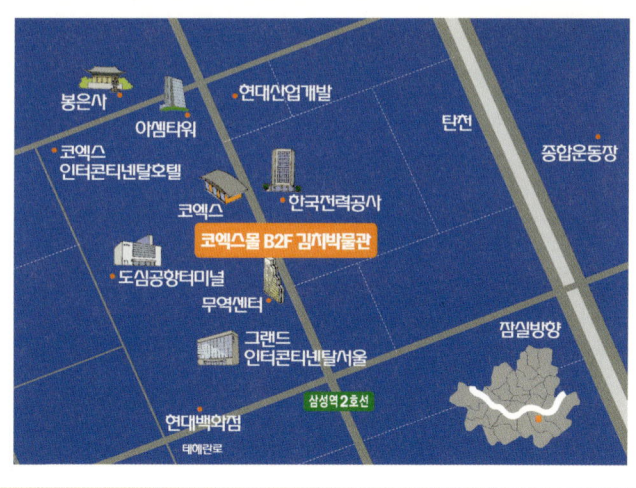

읽어두면 좋아요!

● 밥 힘으로 살아온 우리 민족 (김아리 지음, 아이세움)

● 김치는 싫어요? (최신양 지음, 보림)

● 오늘은 우리 집 김장 하는 날 (채인선 지음, 보림)

6학년

223

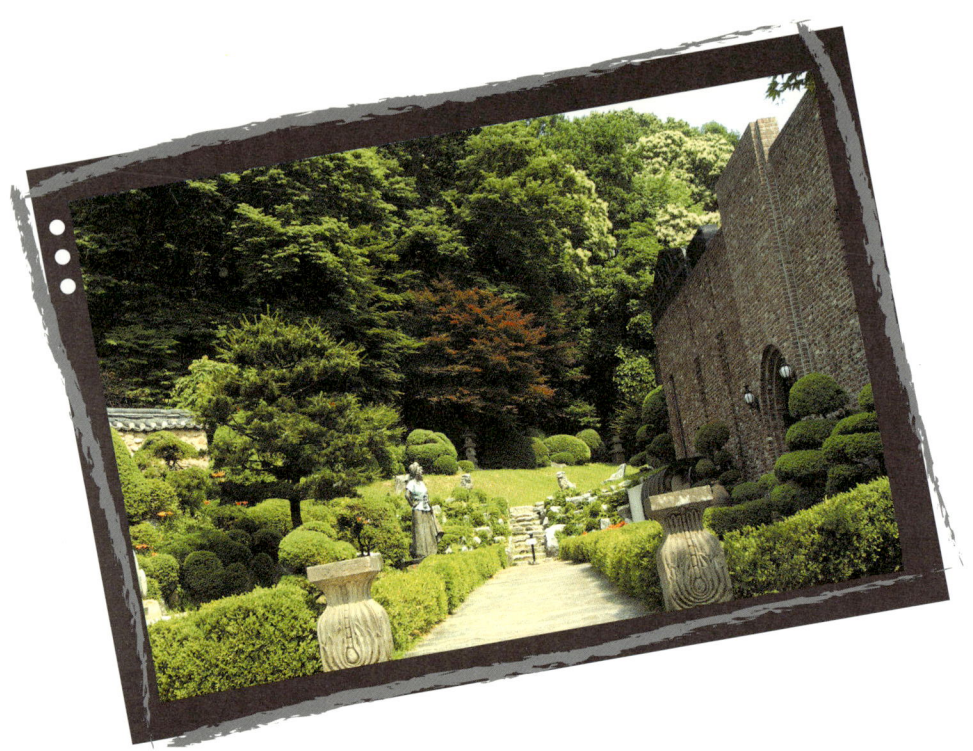

중남미 문화원

재미가 솔솔 성적이 쑥쑥

● 6학년 2학기 사회 : 우리와 가까워지는 세계 여러 나라

박물관 요모조모

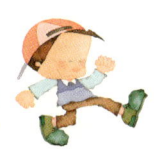

토착문화관

　토착문화관은 중남미의 다양한 석기, 토기, 목기, 가면 공예품 등을 감상할 수 있는 곳입니다. 토기관에서는 멕시코 등 중남미 일대에서 수집된 토기들을 볼 수 있습니다. 중남미 지방의 인디오들은 기원전 3,000년부터 토기를 만들어 썼다고 하지요.

　석기실에서는 멕시코 똘데카 왕조의 께짤꼬아뜰 석조물을 만날 수 있습니다. 께짤꼬아뜰은 당시 인디오들의 신비로운 상징물로 날개가 달린 뱀의 모습이라고 합니다.

　토착문화관에서 가장 눈에 띄는 곳은 역시 가면전시실입니다. 이곳에는 축제, 카니발, 의식 등에 사용되는 다양한 가면들이 전시되어 있습니다. 이 가면들은 나무, 가죽, 천, 철기, 석기, 토기 등의 다양한 재료로 만들어졌다고 합니다. 신, 마귀, 동물, 인어, 이중가면, 죽음, 귀족, 천사, 나비 등 갖가지 모양의 가면들을 마음껏 감상하세요.

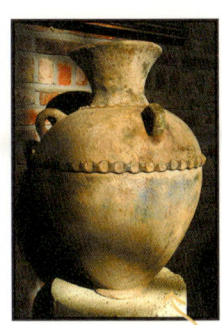

토기

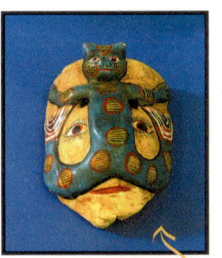

중남미 가면

미술관

　화려하고 선명한 색깔로 그려진 중남미의 그림들을 전시해 놓은 곳입니다. 아트숍에서는 민속인형, 여러 가지 특이한 십자가, 장신구 및 주석으로 만든 제품들이 전시되어 있습니다.

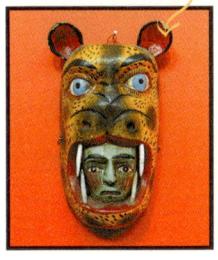

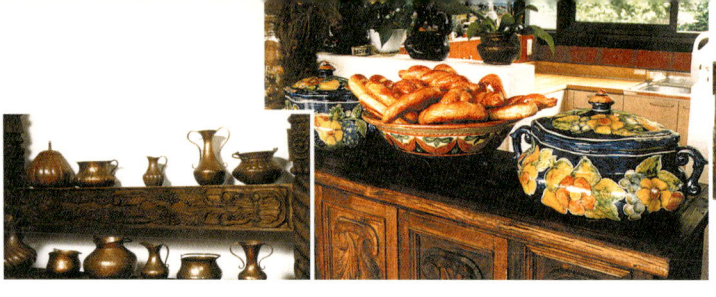
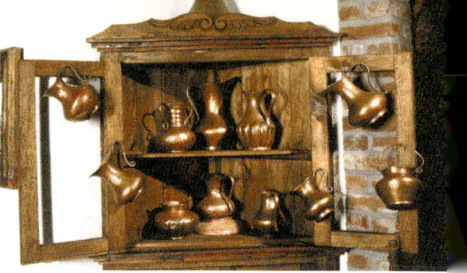

조각공원

중남미의 느낌을 물씬 풍기는 조각공원에는 여러 조각상들이 전시되어 있습니다. 마치 외국의 정원에 온 듯한 조각공원에서 사진도 찍고 독특한 조각상도 감상하세요.

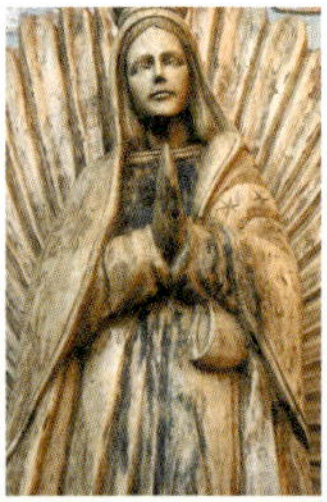

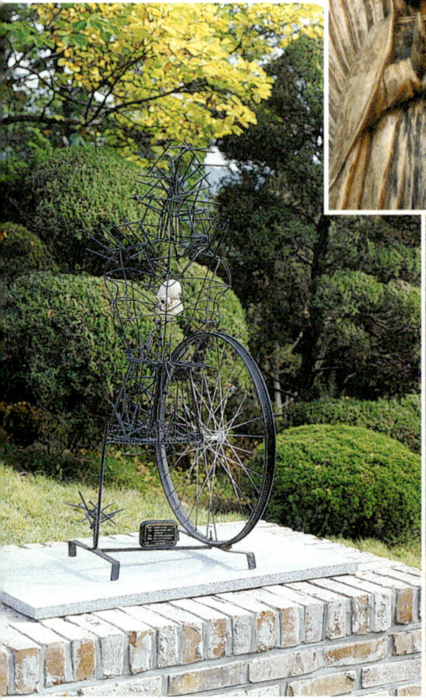

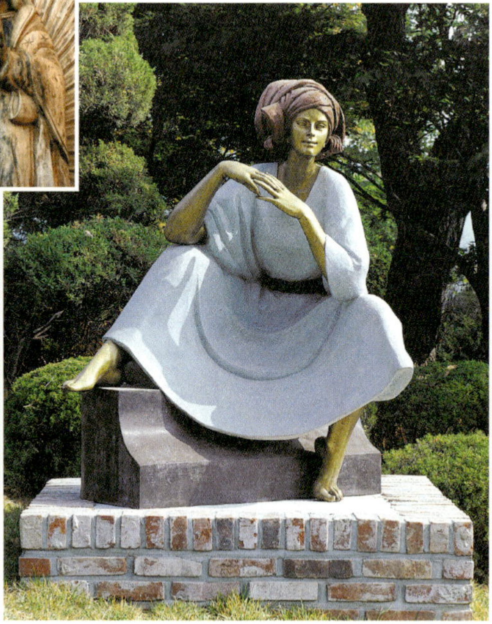

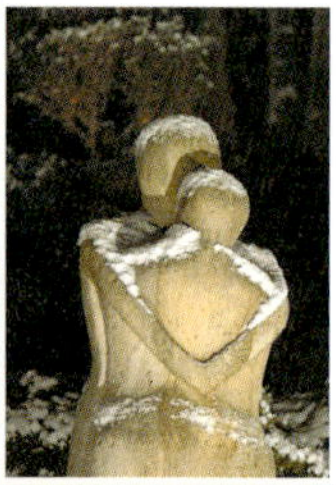

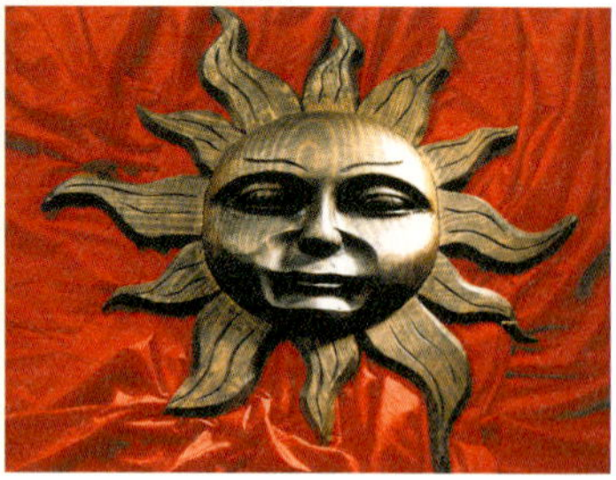

이야기 보따리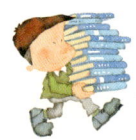

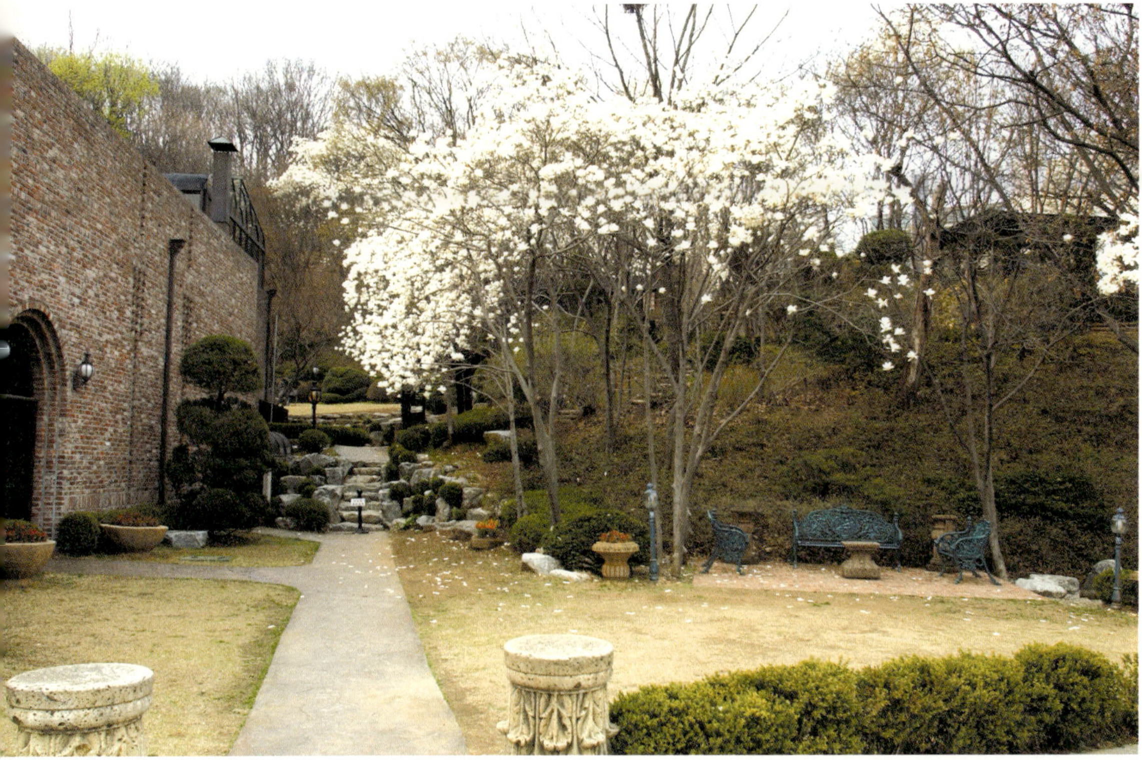

중남미문화원은 어떤 곳일까요?

국내 유일의 중남미 관련 박물관인 중남미문화원은 1994년 중남미에서 30여
년간 외교관 생활을 하셨던 이복형 대사와 그의 부인이신 홍갑표 이사장이 그 지
역의 풍물을 모아 세운 문화의 장입니다.

30년 동안 코스타리카, 아르헨티나 등 중남미 지역에서 외교관 생활을 오래한

227

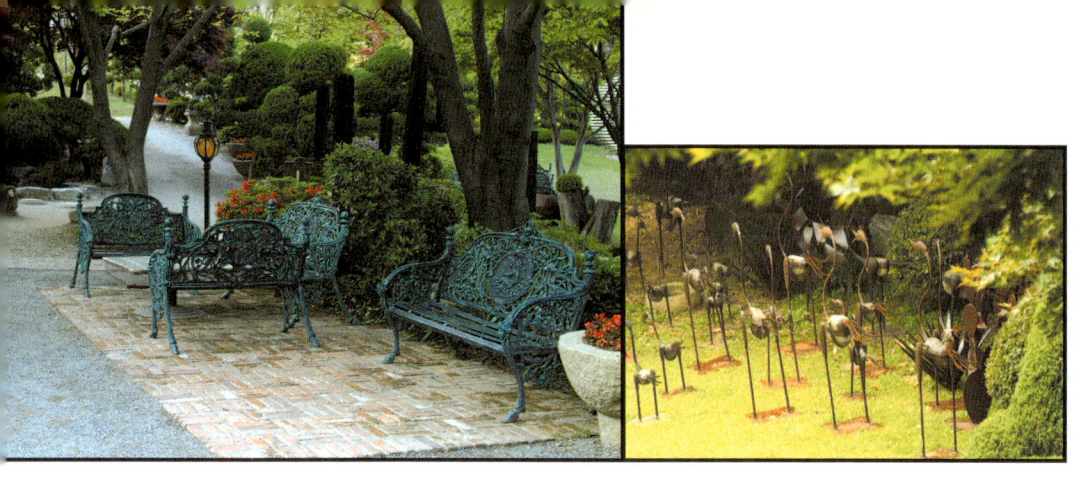

이복형 원장 부부가 수집한 3,000여 점의 중남미문화유산이 모여있습니다. 마야 · 잉카 · 아즈텍 문명의 진수를 맛볼 수 있는 공간입니다.

중남미가 어디예요?

중남미란 아메리카 대륙의 중심부와 그 아래 지역을 통틀어 말합니다. 멕시코, 브라질, 아르헨티나, 칠레 등 40여 개국의 나라를 합해서 부르는 말입니다. 북쪽으로는 미국과 캐나다를 마주 보고 있습니다.

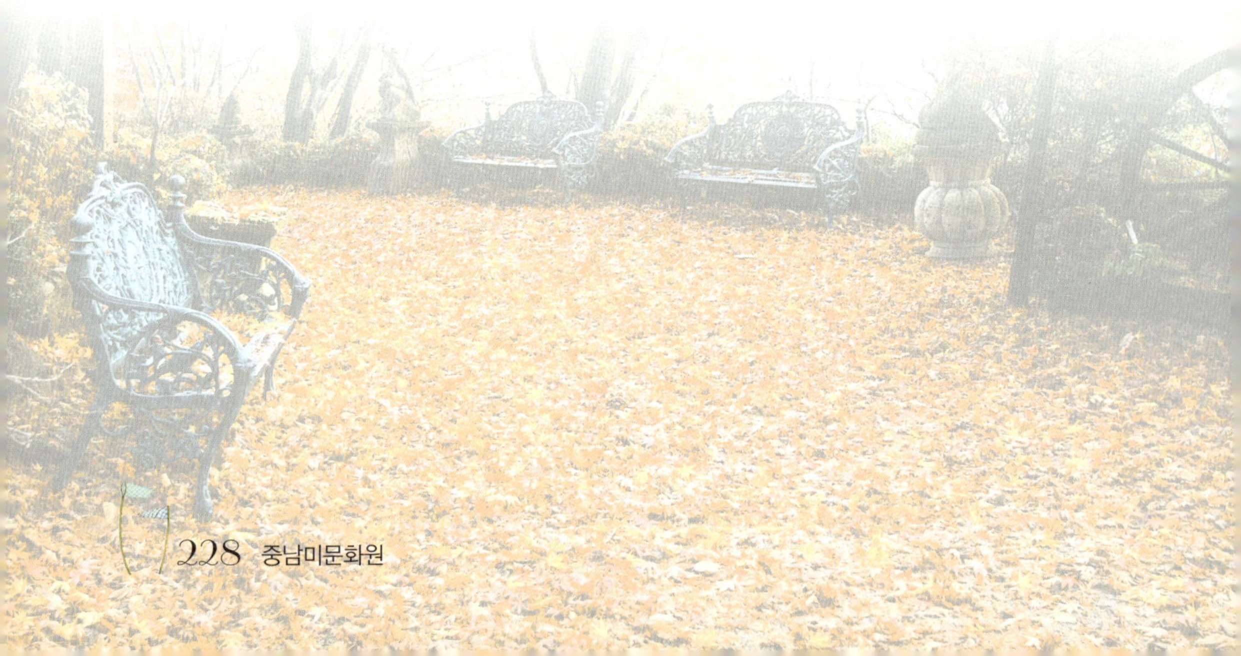

중남미는 고대 문화인 마야·잉카·아즈텍 문명이 숨 쉬던 곳이기도 합니다. 그러나 중남미 나라들은 15세기 이후 오랜 세월 동안 스페인의 지배하에 있었습니다. 마치 우리나라가 일본의 지배에 있었던 것처럼 말이죠. 그래서 중남미의 거의 모든 나라가 스페인어를 쓰고, 가톨릭교를 믿습니다. 지금은 대부분 독립하여 독립국가를 이루고 있지만 경제적으로 낙후한 나라가 많습니다.

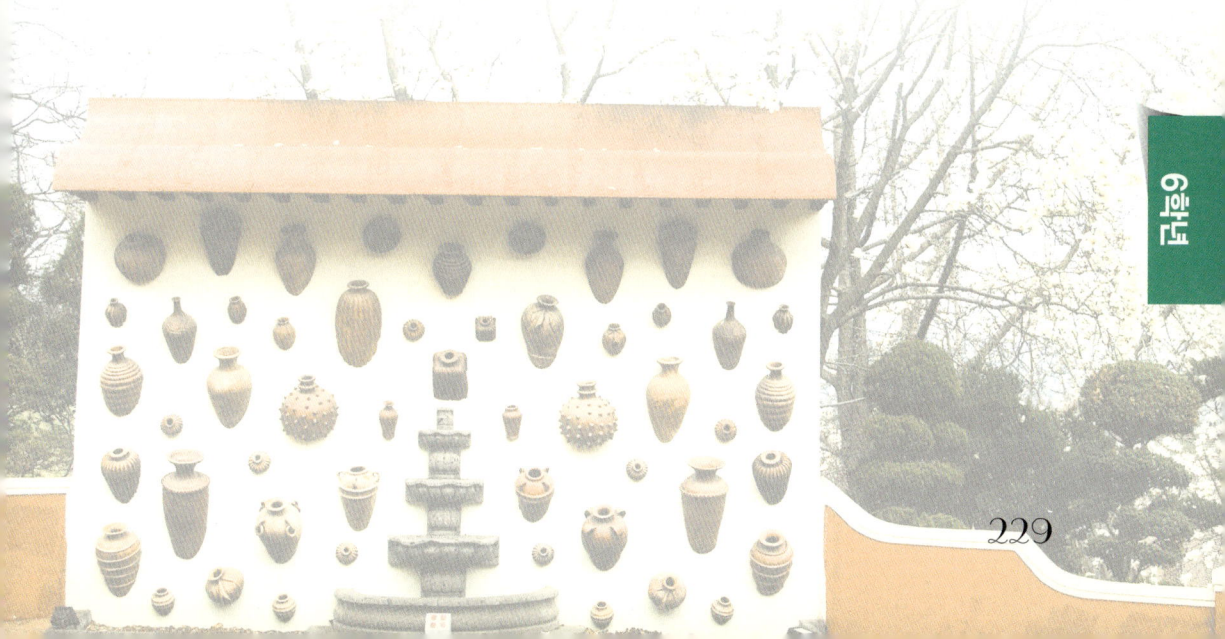

룰루랄라 신나는 체험학습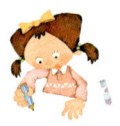

 중남미 살펴보기

중남미 지도를 책이나 인터넷에서 찾아서

붙여봅시다.

중남미의 지도를 보고 다음의 나라를 찾아봅시다.

멕시코

브라질

페루

칠레

파라과이

에콰도르

이야기 보따리

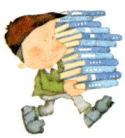

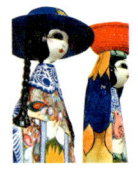

아메리칸 인디언과 옥수수

콜럼버스가 아메리카를 발견하여 식민지로 만들기 전에 아메리카에는 인디언들이 살고 있었습니다. 이 사람들은 태양을 숭배하며 화려하고 독특한 문화를 일구었죠. 우리가 주식으로 쌀을 먹듯이, 인디언들은 옥수수를 주식으로 삼았다고 합니다. 옥수수로 빵도 만들고 죽도 끓이고, 차도 만들어 먹었습니다. 그래서 옥수수 문명이라는 이름까지 붙여지게 되었죠.

옥수수로 만든 사람

마야의 신화 가운데 세상이 처음 생겨난 이야기가 다음과 같이 전해 내려옵니다. 마야의 신들은 세상을 창조한 다음 자신들을 섬길 인간을 만들려고 했습니다. 이 신들은 처음에 동물을 만들어 자신들을 섬기게 했습니다. 그러나 동물들은 말을 못해서 신들을 잘 섬기지 못했습니다. 그래서 신들은 진흙으로 인간을 만들어 보기로 했습니다. 그러나 진흙으로 만든 인간도 비가 오자 그만 허물어져 버렸습니다. 신들은 다시 나무로 인간을 만들었습니다. 그러나 나무인간은 머리가 굳어 지혜가 없어서 산으로 쫓겨났습니다. 이 나무인간들은 결국 원숭이가 되었다고 하네요. 마지막으로 신들은 옥수수 반죽으로 살을 빚고 옥수수 음료로 피를 만들어 인간을 만들었습니다. 그 인간들은 신들을 잘 섬겨서 오늘날까지 살아남았다고 합니다. 결국 예전의 중남미 사람들은 자신의 몸이 옥수수로 만들어졌다고 믿었던 거죠. 이 마야의 신화에서도 알 수 있듯이 옥수수는 중남미 사람들에게 매우 소중한 식량이었습니다.

인디언들의 목걸이였던 팝콘

우리들이 좋아하는 간식인 팝콘은 멕시코 지역에 살던 아즈텍 사람들에게는 부적이었다고 합니다. 아메리카 대륙을 발견한 유럽 사람들이 멕시코에 갔을 때 아즈텍족이 팝콘으로 목걸이를 만들어 몸에 걸고 다녔다는 기록이 남아있다고 합니다. 영화 볼 때 먹었던 팝콘이 부적 목걸이로 쓰였다니 신기하죠?

유럽인들을 감동시킨 아즈텍의 초콜릿

초콜릿은 멕시코 원주민인 아즈텍 사람들이 맨 처음 먹었다고 합니다. 아즈텍족은 초콜릿의 원료인 카카오를 신이 내린 선물이라고 하면서 음료 및 약으로도 쓰고 심지어 돈으로도 사용했습니다. 카카오 열매를 빻아 만든 음료수는 15세기 정복자 에스파냐인에 의해 유럽으로 전해졌습니다. 처음에 아즈텍족이 먹었던 코코아 음료수는 그 맛이 써서 유럽 사람들이 여기에 설탕을 섞어 새롭게 개발하게 됩니다. 코코아 음료수에 설탕을 섞자 그 맛이 너무 훌륭해 전 유럽에 급속히 퍼져 오늘날 우리가 먹는 단단한 초콜릿까지 개발되었습니다. 이들이 없었다면 맛있는 초콜릿도 먹지 못했겠죠?

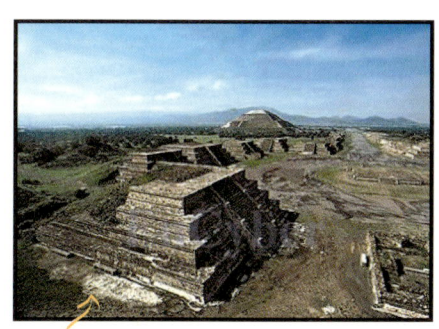
태양의 피라미드와 달의 피라미드

십만 개도 넘는 피라미드

많은 사람들이 이집트에만 피라미드가 있는 줄 알지만 사실은 중남미에 피라미드가 더 많답니다. 멕시코만에서만 발견되지 않은 피라미드가 십만 개나 된다고 합니다. 특히 멕시코에는 태양의 피라미드와 달의 피라미드가 있습니다. 이 중 태양의 피라미드는 세계에서 세

번째로 큰 피라미드로써 무려 백 년 동안 만들어졌다고 합니다. 달의 피라미드는 태양의 피라미드보다 약간 작지만 사람의 심장을 제물로 바쳤던 신전이었다고 합니다. 좀 끔찍하죠?

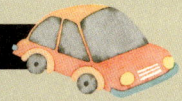

교통안내	① 구파발 방면에서 오는 길
	3호선 구파발역 1번 출구(폭포조형물 방면) → 통일로 방면으로 33, 703, 7731번 버스 승차 → 고양동시장 앞 하차 → 건너편 훼미리마트 골목으로 도보로 10분 → 문화원 도착(혹은 훼미리마트에서 마을버스 8번 타고 문화원 하차)
	② 일산 방면에서 오는 길
	5, 85, 85-1번 버스 의정부 방향으로 승차 → 고양동시장에서 하차, 그 다음은 ① 참조
	③ 의정부 방면에서 오는 길
	의정부(경기도 제2청사, 시외버스터미널, 경민대학)에서 김포공항행 버스를 타고 고양동시장 하차, 그 다음은 ① 참조
관람시간	4월~10월 : 오전 10시~오후 6시
	11월~3월 : 오전 10시~오후 5시 * 연중무휴
관 람 료	어른 : 4,500원 군인·학생 : 3,500원 12세 이하 : 3,000원
관람안내	주소 : 경기도 고양시 고양동 302-1
	전화 : (031) 962-9291
	인터넷주소 : www.latina.or.kr

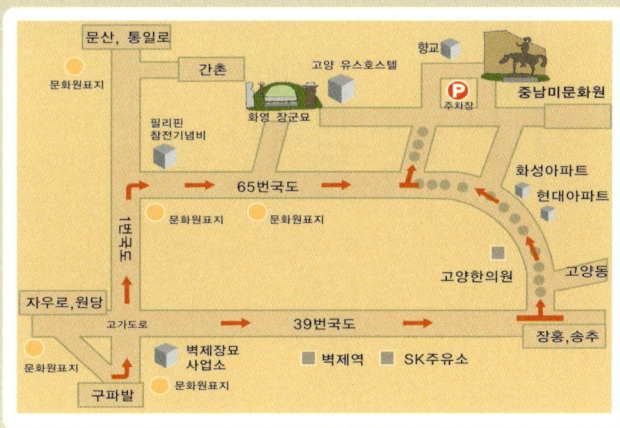

읽어두면 좋아요!
- 잉카 (파스칼 에스테용 지음, 계림북스쿨)
- 불휘와 샘물이의 잉카여행 (김혜순 지음, 문학과지성사)

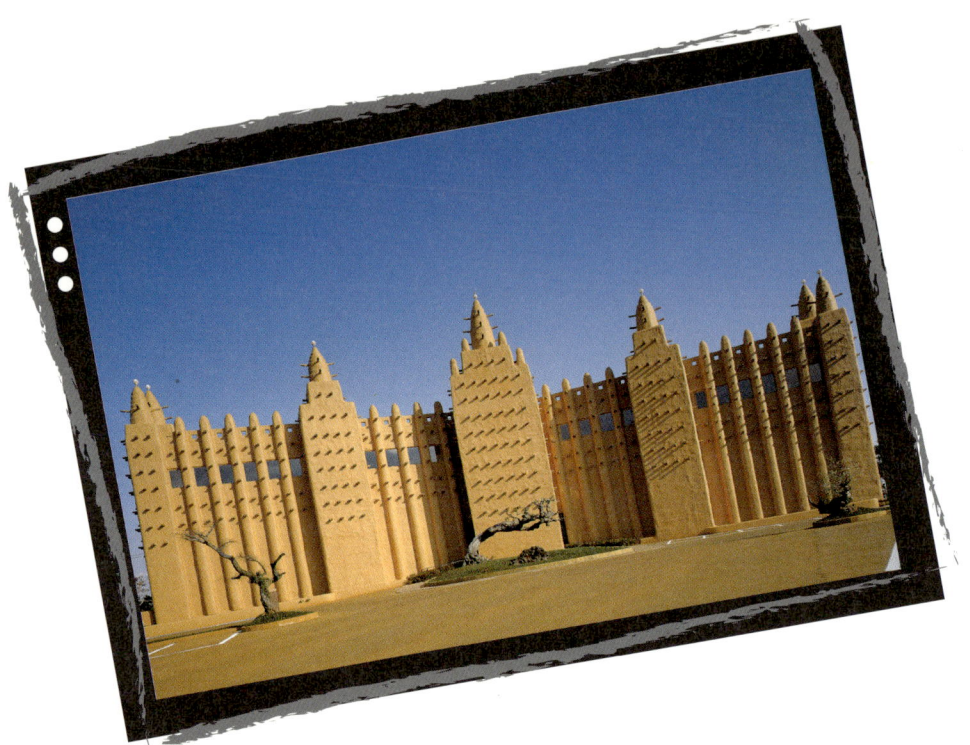

제주도에서 만나는 아프리카의 건축과 미술

아프리카 박물관

재미가 솔솔 성적이 쑥쑥

● 6학년 2학기 사회 : 세계 여러 나라의 모습 알아보기

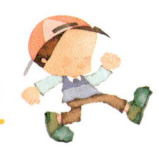

박물관 요모조모

제1전시실

아프리카의 아름다운 자연환경과 야생동물, 그리고 그 속의 아프리카인들의 모습을 사진으로 만나볼 수 있는 곳입니다.

아프리카의 화려한 색상의 전통의상과 가면을 쓴 사람들, 얼룩말, 사자, 코끼리 등 야생의 동물들, 태고의 신비를 간직한 듯한 폭

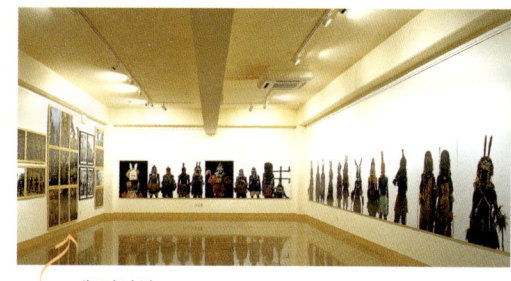

제1전시실

포와 평화로운 초원의 모습 등 아직 낯설기만 한 아프리카의 모습을 생생하게 느낄 수 있는 사진전시실입니다. 이 사진들은 한국작가로는 처음으로 아프리카 동물사진전을 연 김중만 작가의 작품이라고 합니다.

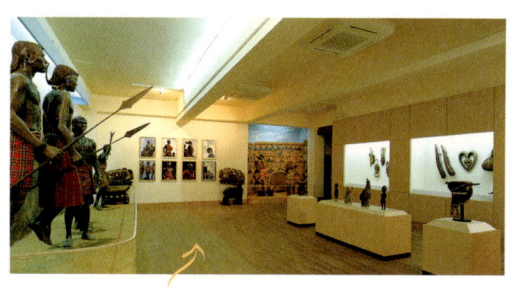

제2전시실

제2전시실

프랑스의 여성작가 엘로디 도흐낭 드 루빌의 아프리카와 관련된 작품들을 감상할 수 있는 곳입니다. 커다란 벽화와 같은 이 그림들을 바라보면 작가가 아프리카에 대해 소곤소곤 이야기해 주는 듯합니다. 아프리카의 여러 가면들, 집

을 만드는 과정, 긴 장대를 신고 다니는 아프리카 사람들의 모습이 한 그림에 어우러져 있어요. 작가가 이야기하고 싶은 아프리카의 모습은 무엇일까요? 잘 생각해 보면서 관람해 봅시다.

6학년

제3전시실

아프리카 사람들이 각종 의식과 축제 때 사용했던 가면들, 일상생활에서 쓰던 생활용품, 아프리카 사람들의 믿음이 담긴 조각들이 잘 전시되어 있는 곳입니다. 곳곳에 아프리카의 전통가옥들도 볼 수 있는데 어쩐지 우리나라의 집과도 많이 비슷한 것 같습니다.

이야기 보따리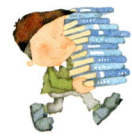

아프리카는 어떤 곳일까요?

아프리카 하면 무엇이 떠오르나요? 아프리카의 문화를 별로 접해보지 못한 대부분의 어린이들은 아프리카에 대해 아주 생소하게 느낄 거예요.

아프리카는 사실 세계에서 두 번째로 큰 대륙입니다. 54개국이나 되는 나라들로 이루어져 있고 인구가 7억 명이 넘습니다. 이렇게 큰 대륙이다 보니 기후도 다양해서 덥거나 건조한 사막지대도 많지만 남아프리카와 같이 사계절이 뚜렷하고 눈이 오는 곳도 있습니다. 이런 아프리카는 그 역사도 오래되어 인류의 발상지라고 알려져 있습니다. 실제로 1924년에 남아프리카에서 오스트랄로피테쿠스라는 유인원의 화석이 발견되었답니다. 이렇게 역사가 오래되었기 때문에 훌륭하고 깊이 있는 문화를 가지고 있답니다. 우리가 흔히 알고 있는 원시적이고 미개하다는 생각은 잘못된 거죠. 이렇듯 깊은 역사와 문화를 가진 아름답고 광대한 자연의 아프리카로 한번 떠나볼까요?

한국의 젠네 그랜드 모스크 '아프리카박물관'

아프리카박물관은 100년 전에 진흙으로 만든 서아프리카의 말리공화국 젠네에 있는 젠네 그랜드 모스크(Djenne Grand Mosque)를 본뜬 건물입니다. 이 젠네 그랜드 모스크는 세계 최대의 진흙 건축물로 1988년 유네스코의 세계문화유산으로 등록된 유서 깊은 건물입니다. 아프리카박물관은 젠네 그랜드 모스크의 문화적 가치를 그대로 전하기 위해 높이 20m, 가로 55m, 측면 16m의 실제 크기와 모양을 그대로 재현했다고 하네요. 아프리카 건축의 특징을 느낄 수 있는 아프리카박물관의 외관도 잘 살펴보세요.

아프리카의 신기한 탈

| 기니아의 님바머리탈 | 기니아의 님바머리탈은 20세기 바가족에 의해 만들어졌습니다. 불룩한 배와 가슴을 표현한 머리탈로 임신한 여자를 뜻하며 머리에 새겨진 짧은 선들은 자라나는 농작물을 나타낸다고 합니다. 그럼 이런 머리탈을 왜 썼을까요? 예쁘고 건강한 아이들을 많이 낳고, 농사가 잘되어 풍요롭게 살기를 바라는 마음으로 이 탈을 썼다고 합니다.

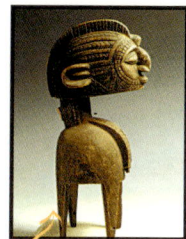
님바머리탈

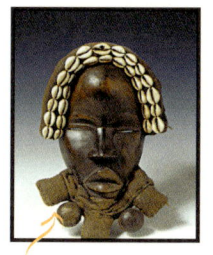
단가면

| 코트디부아르의 단가면 | 코트디부아르라는 나라에서 만들어진 단가면은 19세기에 단족이 만들었다고 합니다. 단순하면서도 입체감이 느껴지는 이 가면은 사실 장례식이나 법정에서 재판을 할 때 쓰인 가면이라고 하네요. 단가면의 얼굴을 자세히 보세요. 이마는 툭 튀어나오고 얇은 눈과 뭉툭한 코, 두툼한 입술은 꼭 아프리카 사람들의 모습을 보는 것 같지요? 이런 아프리카의 많은 가면과 조각들은 피카소와

239

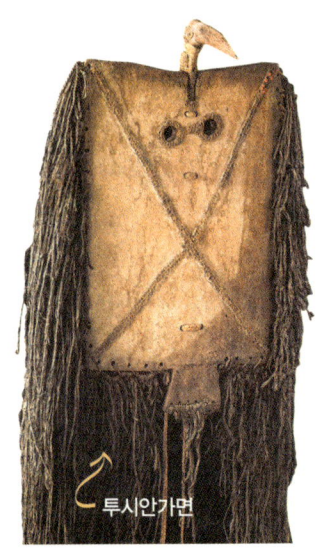

투시안가면

같은 서양의 유명한 입체파 화가들에게 큰 영향을 주었다고 합니다. 아프리카의 미술에서 영감을 받아 서양의 유명한 작품들이 나올 수 있었던 것이지요.

| 부르키나파소의 투시안가면 | 19세기 로니아케족이 만든 이 가면은 새와 사람의 모습이 합쳐진 모양입니다. 이 가면을 잘 보세요. 사람이 하늘을 향해 팔을 벌리고 있죠? 이 가면은 비가 오기를 바라는 의식인 기우제를 지낼 때 썼다고 합니다.

| 탄자니아의 우자마 | 와! 이 조각상에는 도대체 사람이 몇 명이나 있을까요? 인간 피라미드라고도 불리는 이 조각상은 19세기에 마콘테족이 만들었다고 합니다. 아프리카의 여러 나라들은 오랜 기간 동안 유럽의 식민지였다가 독립한 지 얼마 되지 않습니다. 이 조각품은 탄자니아의 여러 부족들이 독립을 위해 화합하자는 의미로 만들어졌다고 하네요. '우자마' 라는 말도 스와힐리어로 '가족공동체' 라는 뜻을 가지고 있습니다. 우자마를 보고 있으니 '탄자니아의 아프리카인이여! 가족처럼 사랑하고 뭉치자!' 라는 구호가 들리는 듯합니다.

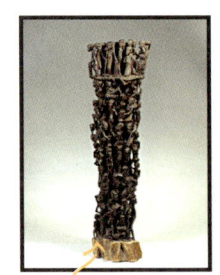

우자마

| 부르키나파소의 도가면 | 19세기 보보족이 만들었다는 이 가면은 일년에 한 번, 12월 15일 참회식을 할 때 쓰였습니다. 이 가면에는 달, 산, 물, 하늘의 신이 순서대로 배치되어 있어 대자연을 뜻한다고 합니다. 어느 부분이 달, 산, 물, 하늘일까요? 자세히 살펴보세요.

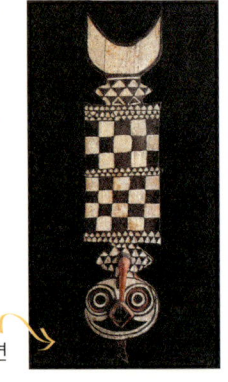

도가면

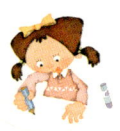

룰루랄라 신나는 체험학습

 자세히 살펴보세요.

단가면의 재료를 자세히 살펴봅시다.

어떤 재료로 만들었을까요?

룰루랄라 신나는 체험학습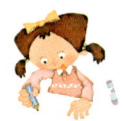

 찾아봅시다.

피카소의 '아비뇽의 처녀들'이라는 그림이 있습니다.
그 그림에서 아프리카의 가면을 쓰고 있는 세 사람을 찾아보세요.

아프리카의 슬픈 역사와 고리섬

15세기경 아프리카의 많은 나라들은 유럽인들의 침입으로 많은 어려움을 겪게 됩니다. 영국, 프랑스를 비롯하여 독일, 에스파냐, 포르투갈, 벨기에, 이탈리아 등 유럽의 많은 나라들이 아프리카의 풍부한 자원을 약탈하고 식민지로 나누어 가졌습니다. 심지어 유럽인들은 아프리카 사람들을 노예로 팔기도 하였는데 이를 노예무역이라고 합니다.

이 노예무역의 흔적은 서아프리카의 세네갈이라는 나라의 고리섬에서도 알 수 있습니다. 이 섬은 길이 900m, 너비 300m밖에 안 되는 작은 섬으로 아프리카 각지에서 잡혀온 노예들이 이곳으로 끌려와 유럽으로 팔려 갔습니다. 창문도 없는 노예의 집에서 아프리카인들은 사슬로 묶여 제대로 움직이지도 못했고 몸이 약한 사람들은 비참하게 죽었다고 합니다. 이런 비인간적인 노예무역은 18세기에 절정을 이루고 19세기 초까지 행해졌습니다. 그 당시에 죽거나 팔려간 아프리카 사람의 수가 약 2,000만 명이나 된다고 합니다.

아프리카박물관의 여러 조각들을 보세요. 이렇게 아름다운 예술품들을 만든 아프리카인들을 단지 피부색이 다르다는 이유로 노예로 팔았던 부끄러운 역사가 있습니다. 지금 이 고리섬은 세계문화유산으로 지정되어 아프리카인들의 슬픈 역사와 유럽인들의 부끄러웠던 역사를 함께 보여주고 있답니다.

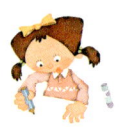

룰루랄라 신나는 체험학습

 자세히 알아보고 자신의 생각을 써 보세요.

유럽의 여러 나라들은 15세기부터 여러 나라를 침략했습니다. 유럽인들은 어떤 나라들을 침략했을까요? 유럽인들은 왜 다른 나라를 침략했을까요?

부시맨의 생활철학

부시맨은 아프리카 대륙의 중남부에 있는 보츠와나라는 나라에 사는 사람들입니다. 부시맨은 '덤불 속에서 사는 사람'이라는 뜻으로 이들에게는 다음과 같은 생활철학이 있었습니다.

우선 몸집이 작고 동작이 굼뜬 사슴이나 토끼는 사냥하지 않았다고 합니다. 왜일까요? 힘이 없는 노인들에게도 사냥할 기회를 주기 위해서랍니다. 열매를 딸 때는 반드시 씨앗이 될 만큼은 남겨두었고 벌집을 딸 때는 꿀을 딸 정도로 크지 않으면 건드리지 않았다고 합니다. 또 동물들도 물을 맘껏 마실 수 있도록 우물 근처에는 덫을 놓지 않았다고 합니다. 동물과 식물도 마치 인간처럼 사랑했던 부시맨들의 모습이 참 아름답고 소중하게 느껴집니다.

룰루랄라 신나는 체험학습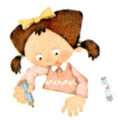

문화체험교실

아프리카박물관에서는 아프리카의 문화와 예술에 관한 조형물 만들기, 체험학습지로 아프리카 문화 배우기, 가나 지방의 전통문양으로 페이스페인팅 하기 등 다양한 문화 체험을 할 수 있습니다.

아프리카 민속 공연

아프리카의 민속공연단 젬베리듬의 공연이 매일 3회 있습니다. 세네갈에서 온 공연단이 아프리카의 열정적이고 신나는 음악을 들려줍니다. 오전 11시 30분, 오후 2시 30분, 5시 30분 공연이 있으며 관람객은 누구나 무료로 관람할 수 있습니다.

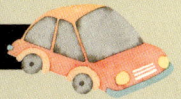

교통안내	① 제주시에서 올 때: 제주공항 리무진 버스(약 55분, 요금 3,900원) - 국제컨벤션센터 하차 후 도보로 약 10분 정도 소요 시외버스터미널 - 시외버스(약 60분, 요금 3,300원) 중문관광단지 입구 하차 후 택시 이용(기본요금) ② 서귀포에서 올 때 : 경남호텔 - 리무진 버스(약 20분, 요금 1,500원) - 국제컨벤션센터 하차 후 도보로 약 10분 정도 소요 시외버스터미널 - 시외버스(약 20분, 요금 1,100원) - 중문관광단지 입구 하차 후 택시 이용(기본요금)
관람시간	오전 9시~오후 7시 * 연중무휴(단, 7월 14일부터 8월 말까지는 오전 9시부터 오후 8시까지 연장 운영)
관 람 료	어른 : 6,000원 청소년 : 5,000원 어린이 : 3,000원
관람안내	주소 : 제주도 서귀포시 대포동 1833 전화 : (064) 738-6565

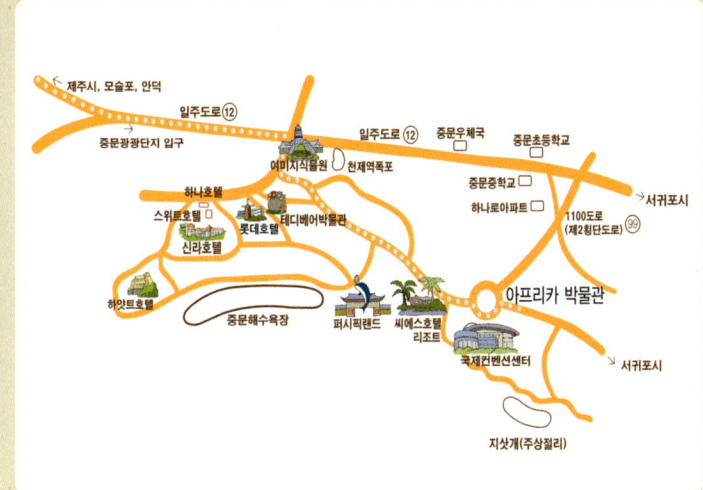

읽어두면 좋아요!

● 아이 러브 아프리카 (황금물고기 지음, 교학사)

● 아프리카의 거대한 동물 (제임스 M. 디에츠 지음, 중앙출판사)

● 아프리카 (릴리 판시니 지음, 서광사)

6학년

가림출판사 · 가림M&B · 가림Let's에서 나온 책들

역 학

역리종합 만세력 정도명 편저
신국판 / 532쪽 / 10,500원

작명대전 정보국 지음
신국판 / 460쪽 / 12,000원

하락이수 해설 이천교 편저
신국판 / 620쪽 / 27,000원

현대인의 창조적 관상과 수상 백운산 지음
신국판 / 344쪽 / 9,000원

대운용신영부적 정재원 지음
신국판 양장본 / 750쪽 / 39,000원

사주비결활용법 이세진 지음
신국판 / 392쪽 / 12,000원

컴퓨터세대를 위한 新 성명학대전 박용찬 지음
신국판 / 388쪽 / 11,000원

길흉화복 꿈풀이 비법 백운산 지음
신국판 / 410쪽 / 12,000원

새천년 작명컨설팅 정재원 지음
신국판 / 492쪽 / 13,900원

백운산의 신세대 궁합 백운산 지음
신국판 / 304쪽 / 9,500원

동자삼 작명학 남시모 지음 / 신국판 / 496쪽 / 15,000원

구성학의 기초 문길여 지음 / 신국판 / 412쪽 / 12,000원

소울음소리 이건우 지음 / 신국판 / 314쪽 / 10,000원

법률일반

여성을 위한 성범죄 법률상식 조명원(변호사) 지음
신국판 / 248쪽 / 8,000원

아파트 난방비 75% 절감방법 고영근 지음
신국판 / 238쪽 / 8,000원

일반인이 꼭 알아야 할 절세전략 173선 최성호(공인회계사) 지음 / 신국판 / 392쪽 / 12,000원

변호사와 함께하는 부동산 경매 최환주(변호사) 지음
신국판 / 404쪽 / 13,000원

혼자서 쉽고 빠르게 할 수 있는 소액재판 김재용 · 김종철 공저
신국판 / 312쪽 / 9,500원

"술 한 잔 사겠다"는 말에서 찾아보는 채권 · 채무
변환철(변호사) 지음 / 신국판 / 408쪽 / 13,000원

알기쉬운 부동산 세무 길라잡이 이건우(세무서 재산계장) 지음
신국판 / 400쪽 / 13,000원

알기쉬운 어음, 수표 길라잡이 변환철(변호사) 지음
신국판 / 328쪽 / 11,000원

제조물책임법 강동근(변호사) · 윤종성(검사) 공저
신국판 / 368쪽 / 13,000원

알기 쉬운 주5일근무에 따른 임금 · 연봉제 실무
문강분(공인노무사) 지음 / 4×6배판 변형 / 544쪽 / 35,000원

변호사 없이 당당히 이길 수 있는 형사소송 김대환 지음
신국판 / 304쪽 / 13,000원

변호사 없이 당당히 이길 수 있는 민사소송 김대환 지음
신국판 / 412쪽 / 14,500원

혼자서 해결할 수 있는 교통사고 Q&A 조명원(변호사) 지음
신국판 / 336쪽 / 12,000원

알기 쉬운 개인회생 · 파산 신청법 최재구(법무사) 지음
신국판 / 352쪽 / 13,000원

생활법률

부동산 생활법률의 기본지식 대한법률연구회 지음
김원중(변호사) 감수 / 신국판 / 480쪽 / 12,000원

고소장 · 내용증명 생활법률의 기본지식 하태웅(변호사) 지음
신국판 / 440쪽 / 12,000원

노동 관련 생활법률의 기본지식 남동희(공인노무사) 지음
신국판 / 528쪽 / 14,000원

외국인 근로자 생활법률의 기본지식 남동희(공인노무사) 지음
신국판 / 400쪽 / 12,000원

계약작성 생활법률의 기본지식 이상도(변호사) 지음
신국판 / 560쪽 / 14,500원

지적재산 생활법률의 기본지식 이상도(변호사) · 조의제(변리사) 공저 / 신국판 / 496쪽 / 14,000원

부당노동행위와 부당해고 생활법률의 기본지식
박영수(공인노무사) 지음 / 신국판 / 432쪽 / 14,000원

주택 · 상가임대차 생활법률의 기본지식
김운용(변호사) 지음 / 신국판 / 480쪽 / 14,000원

하도급거래 생활법률의 기본지식
김진홍(변호사) 지음 / 신국판 / 440쪽 / 14,000원

이혼소송과 재산분할 생활법률의 기본지식
박동섭(변호사) 지음 / 신국판 / 460쪽 / 14,000원

부동산등기 생활법률의 기본지식
정상태(법무사) 지음 / 신국판 / 456쪽 / 14,000원

기업경영 생활법률의 기본지식
안동섭(단국대 교수) 지음 / 신국판 / 466쪽 / 14,000원

교통사고 생활법률의 기본지식
박정무(변호사) · 전병찬 공저 / 신국판 / 480쪽 / 14,000원

소송서식 생활법률의 기본지식
김대환 지음 / 신국판 / 480쪽 / 14,000원

호적 · 가사소송 생활법률의 기본지식
정주수(법무사) 지음 / 신국판 / 516쪽 / 14,000원

상속과 세금 생활법률의 기본지식
박동섭(변호사) 지음 / 신국판 / 480쪽 / 14,000원

담보 · 보증 생활법률의 기본지식
류창호(법학박사) 지음 / 신국판 / 436쪽 / 14,000원

소비자보호 생활법률의 기본지식
김성천(법학박사) 지음 / 신국판 / 504쪽 / 15,000원

판결 · 공정증서 생활법률의 기본지식
정상태(법무사) 지음 / 신국판 / 312쪽 / 13,000원

산업재해보상보험 생활법률의 기본지식
정유석(공인노무사) 지음 / 신국판 / 384쪽 / 14,000원

처 세

성공적인 삶을 추구하는 여성들에게 우먼파워 조안 커너 · 모이라 레이너 공저 / 지창영 옮김 / 신국판 / 352쪽 / 8,800원

聽 이익이 되는 말 話 손해가 되는 말 우메시마 미요 지음 / 정성호 옮김 / 신국판 / 304쪽 / 9,000원

성공하는 사람들의 화술테크닉 민영욱 지음
신국판 / 320쪽 / 9,500원

부자들의 생활습관 가난한 사람들의 생활습관
다케우치 야스오 지음 / 홍영의 옮김
신국판 / 320쪽 / 9,800원

코끼리 귀를 당긴 원숭이-히딩크식 창의력을 배우자
강충인 지음 / 신국판 / 208쪽 / 8,500원

성공하려면 유머와 위트로 무장하라 민영욱 지음
신국판 / 292쪽 / 9,500원

등소평의 오뚝이전략 조창남 편저
신국판 / 304쪽 / 9,500원

노무현 화술과 화법을 통한 이미지 변화 이현정 지음
신국판 / 320쪽 / 10,000원

성공하는 사람들의 토론의 법칙 민영욱 지음
신국판 / 280쪽 / 9,500원

사람은 칭찬을 먹고산다 민영욱 지음
신국판 / 268쪽 / 9,500원

사과의 기술 김농주 지음
국판 변형 양장본 / 200쪽 / 10,000원

취업 경쟁력을 높여라 김농주 지음
신국판 / 280쪽 / 12,000원

유비쿼터스시대의 블루오션 전략 최양진 지음
신국판 / 248쪽 / 10,000원

나만의 블루오션 전략-화술편 민영욱 지음
신국판 / 254쪽 / 10,000원

희망의 씨앗을 뿌리는 20대를 위하여 우광균 지음
신국판 / 172쪽 / 8,000원

끌리는 사람이 되기위한 이미지 컨설팅 홍순아 지음
대국전판 / 194쪽 / 10,000원

글로벌 리더의 소통을 위한 스피치 민영욱 지음
신국판 / 328쪽 / 10,000원

명상

명상으로 얻는 깨달음 달라이 라마 지음
지창영 옮김 / 국판 / 320쪽 / 9,000원

어학

2진법 영어 이상도 지음
4×6배판 변형 / 328쪽 / 13,000원

한 방으로 끝내는 영어 고제윤 지음
신국판 / 316쪽 / 9,800원

한 방으로 끝내는 영단어 김승엽 지음 / 김수경 · 카렌다 감수 / 4×6배판 변형 / 236쪽 / 9,800원

해도해도 안 되던 영어회화 하루에 30분씩 90일이면 끝낸다
Carrot Korea 편집부 지음 / 4×6배판 변형 / 260쪽 / 11,000원

바로 활용할 수 있는 기초생활영 김수경 지음
신국판 / 240쪽 / 10,000원

바로 활용할 수 있는 비즈니스영어 김수경 지음
신국판 / 252쪽 / 10,000원

생존영어55 홍일록 지음
신국판 / 224쪽 / 8,500원

필수 여행영어회화 한현숙 지음
4×6판 변형 / 328쪽 / 7,000원

필수 여행일어회화 윤영자 지음
4×6판 변형 / 264쪽 / 6,500원

필수 여행중국어회화 이은진 지음
4×6판 변형 / 256쪽 / 7,000원

영어로 배우는 중국어 김승엽 지음
신국판 / 216쪽 / 9,000원

필수 여행스페인어회화 유연창 지음
4×6판 변형 / 288쪽 / 7,000원

바로 활용할 수 있는 홈스테이 영어 김형주 지음
신국판 / 184쪽 / 9,000원

스포츠

수열이의 브라질 축구 탐방 삼바 축구, 그들은 강하다
이수열 지음 / 신국판 / 280쪽 / 8,500원

마라톤, 그 아름다운 도전을 향하여
빌 로저스 · 프리실라 웰치 · 조 헨더슨 공저 / 오인환 감수
/ 지창영 옮김 4×6배판 / 320쪽 / 15,000원

퍼팅 메커닉 이근택 지음
4×6배판 변형 / 192쪽 / 18,000원

아마골프 가이드 정영호 지음
4×6배판 변형 / 216쪽 / 12,000원

인라인스케이팅 100%즐기기 임미숙 지음
4×6배판 변형 / 172쪽 / 11,000원

배스낚시 테크닉 이종건 지음
4×6배판 / 440쪽 / 20,000원

나도 디지털 전문가 될 수 있다!!! 이승훈 지음
4×6배판 / 320쪽 / 19,200원

스키 100% 즐기기 김동환 지음
4×6배판 변형 / 184쪽 / 12,000원

태권도 총론 하웅의 지음
4×6배판 / 288쪽 / 15,000원

건강하고 아름다운 동양란 기르기 난마을 지음
4×6배판 변형 / 184쪽 / 12,000원

수영 100% 즐기기 김종만 지음
4×6배판 변형 / 248쪽 / 13,000원

애완견114 황양원 엮음
4×6배판 변형 / 228쪽 / 13,000원

건강을 위한 웰빙 걷기 이강옥 지음
대국전판 / 280쪽 / 12,000원

우리 땅 우리 문화가 살아 숨쉬는 옛터 이형권 지음
대국전판 올컬러 / 208쪽 / 9,500원

아름다운 산사 이형권 지음
대국전판 올컬러 / 208쪽 / 9,500원

골프 100타 깨기 김준모 지음
4×6배판 변형 / 136쪽 / 10,000원

쉽고 즐겁게! 신나게! 배우는 재즈댄스 최재선 지음
4×6배판 변형 / 200쪽 / 12,000원

맛과 멋이 있는 낭만의 카페 박성찬 지음
대국전판 올컬러 / 168쪽 / 9,900원

한국의 숨어 있는 아름다운 풍경 이종원 지음
대국전판 올컬러 / 208쪽 / 9,900원

사람이 있고 자연이 있는 아름다운 명산 박기성 지음
대국전판 올컬러 / 176쪽 / 12,000원

마음의 고향을 찾아가는 여행 포구 김인자 지음
대국전판 올컬러 / 224쪽 / 14,000원

골프 90타 깨기 김광섭 지음
4×6배판 변형 / 148쪽 / 11,000원

생명이 살아 숨쉬는 한국의 아름다운 강 민병준 지음
대국전판 올컬러 / 168쪽 / 12,000원

틈나는 대로 세계여행 김재관 지음
4×6배판 변형 올컬러 / 368쪽 / 20,000원

KLPGA 최여진 프로의 센스 골프 최여진 지음
4×6배판 변형 올컬러 / 192쪽 / 13,900원

해양스포츠 카이트보딩 김남용 편저
신국판 올컬러 / 152쪽 / 18,000원

KTPGA 김준모 프로의 파워 골프 김준모 지음
4×6배판 변형 올컬러 / 192쪽 / 13,900원

골프 80타 깨기 오태훈 지음
4×6배판 변형 / 132쪽 / 10,000원

신나는 골프 세상 유응열 지음
4×6배판 변형 올컬러 / 232쪽 / 16,000원

풍경 속을 걷는 즐거움 명상 산책 김인자 지음
대국전판 올컬러 / 224쪽 / 14,000원

이신 프로의 더 퍼펙트 이신 지음
국배판 / 336쪽 / 28,000원

주니어 출신 박영진 프로의 주니어 골프 박영진 지음
4×6배판 변형 올컬러 / 164쪽 / 11,000원

골프손자병법 유응열 지음
4×6배판 변형 올컬러 / 212쪽 / 16,000원

여성 · 실용

결혼 준비, 이제 놀이가 된다 김창규 · 김수경 · 김정철 지음
4×6배판 변형 / 230쪽 / 13,000원

교과서 속에 꼭꼭 숨어있는

이색박물관 체험

2007년 6월 20일 제1판 1쇄 발행

지은이/이신화
펴낸이/강선희
펴낸곳/가림출판사

등록/1992. 10. 6. 제4-191호
주소/서울시 광진구 구의동 57-71 부원빌딩 4층
대표전화/458-6451   팩스/458-6450
홈페이지 http://www.galim.co.kr
e-mail galim@galim.co.kr

값 12,000원

ISBN 978-89-7895-269-9 13980

가림출판사 · 가림M&B · 가림Let's의 홈페이지(http://www.galim.co.kr)에 들
어오시면 가림출판사 · 가림M&B · 가림Let's의 신간도서 및 출간 예정 도서를
포함한 모든 책들을 만나실 수 있습니다.
온라인 서점을 통하여 직접 도서 구입도 하실 수 있으며 가림 홈페이지 내에서
전국 대형 서점들의 사이트에 링크하시어 종합 신간 안내 및 각종 도서 정보,
책과 관련된 문화 정보를 받아보실 수 있습니다.
또한 홈페이지 방문시 회원으로 가입하시면 신간 안내 자료를 보내드립니다.